信息技术应用创新系列丛书

服务器操作系统
配置与管理
（麒麟版）

丛书主编◎姚　明

主　　编◎胡　勇　刘丽萍　廖永红

副 主 编◎岳守春　余　勇　贺　俊　唐紫薇　陈　靖

参　　编◎李金柱

电子工业出版社

Publishing House of Electronics Industry

北京·BEIJING

内 容 简 介

本书共 8 章，包括服务器概况、麒麟服务器操作系统的安装、文件系统、常用命令、用户与工作组管理、系统安全管理、虚拟化技术、企业应用等，全面介绍了麒麟服务器操作系统的安装、管理与高级应用等方面的知识与技能，同时还整合服务器网络运维的关键技术及方法，以满足相关岗位的实际需求。本书内容通俗易懂，强调技术实践和思维训练，旨在帮助读者掌握服务器配置与管理的实操技能，提升其岗位竞争力。

本书可作为职业院校计算机相关专业的教材，也可作为计算机网络技术爱好者及相关技术人员的参考用书。

图书在版编目（CIP）数据

服务器操作系统配置与管理 ：麒麟版 / 胡勇，刘丽萍，廖永红主编. -- 北京 ：电子工业出版社，2024. 6.

ISBN 978-7-121-48242-7

Ⅰ. TP316

中国国家版本馆 CIP 数据核字第 2024KD8480 号

责任编辑：李英杰

印　　刷：三河市良远印务有限公司

装　　订：三河市良远印务有限公司

出版发行：电子工业出版社

　　　　　北京市海淀区万寿路 173 信箱　邮编　100036

开　　本：787×1 092　1/16　印张：10.25　字数：352 千字　插页：28

版　　次：2024 年 6 月第 1 版

印　　次：2024 年 7 月第 2 次印刷

定　　价：42.00 元

PREFACE ——— 前　言

信息技术的飞速发展正在深刻地重塑人们的日常生活，并为各行各业带来了革命性的变化。例如，人们通过智能手机等智能终端获取信息、购物、社交，工厂中精密的机械臂在工作台上自动执行任务，众多的仪器仪表密切监控着生产流程。在这些场景背后，存在着大量的信息交换和处理工作，而这一切工作的"幕后英雄"正是服务器。服务器的持续运行，实现了信息的安全存储、迅速传输和高效处理，确保了无数终端设备的正常运行，也为人们的日常生活和工作提供了极大的便利。

党的二十大报告指出："教育、科技、人才是全面建设社会主义现代化国家的基础性、战略性支撑"。当前我国正在向着全面建成社会主义现代化强国的第二个百年奋斗目标迈进，人才培养是基础，教育是根本，是实现中华民族伟大复兴的关键。本书以银河麒麟高级服务器操作系统 V10 为核心内容，全面介绍服务器操作系统的安装、管理与高级应用等方面的知识与技能，帮助读者迅速掌握服务器运维技术岗位所需的核心技术。

本书共 8 章，全面覆盖了麒麟服务器操作系统技术与管理的核心知识点。第 1 章介绍了服务器的概况；第 2~6 章介绍麒麟服务器操作系统的基础应用和管理，系统性地讲解了麒麟服务器操作系统的安装、文件系统、常用命令、用户与工作组管理、系统安全管理等；第 7~8 章提升至麒麟服务器操作系统的高级应用层面，详细讲解了虚拟化技术和企业应用。同时，本书还包含两个附录，附录 A 介绍了麒麟服务器操作系统 yum 命令的使用，附录 B 提供了两种实用的远程连接服务器的方法。本书配有相应的案例手册，旨在引导读者在掌握理论知识后，通过实际案例实训来提升操作技能。

本书由胡勇、刘丽萍、廖永红担任主编，岳守春、余勇、贺俊、唐紫薇、陈靖担任副主编，李金柱担任参编。在本书编写过程中，编者参考了相关厂商公开的技术文档，在此表示由衷的敬意和感谢。同时，特别感谢为本书提出宝贵意见的电子工业出版社的各位编辑，本书的顺利出版与他们的信任和支持是分不开的。

为了方便教师教学，本书提供相应的配套资源，有需要的读者可在登录华信教育资源网后免费下载。

由于编者水平有限，书中难免存在疏漏与不妥之处，敬请广大读者批评指正，以便再版时加以完善！

编　者

CONTENTS 目 录

第 **1** 章

服 务 器 概 况

➤ 知识目标

（1）了解服务器的各种产品形态。

（2）了解服务器的各种应用类型。

（3）了解国产服务器的硬件组成。

➤ 能力目标

能够建立完整的国产服务器硬件体系架构概念。

➤ 素养目标

能够深刻理解服务器国产化与自主化对国家关键技术领域发展的重大意义。

1.1 服务器的概念

服务器是指在网络环境中对外提供服务的高性能计算机。服务器与普通的个人计算机功能类似，只是相对于个人计算机而言，服务器在稳定性、安全性及性能等方面要求更高。目前，大部分互联网结构都基于客户–服务器模型，其本质为客户机请求和服务器响应，即服务器针对客户机的请求，将业务逻辑操作结果返回给客户机，然后由客户机对数据进行相应的处理（主要为显示逻辑计算），并向用户呈现结果。作为互联网上的网络节点，服务器存储和处理了网络上 80% 的数据，因此也被称为"网络的灵魂"。

目前，市场上的服务器可按照产品形态、应用类型、指令集类型等方式进行分类。

一、按产品形态分类

服务器按产品形态可划分为塔式服务器、机架式服务器、刀片式服务器、机柜式服务器等。

1. 塔式服务器

塔式服务器，即常见的立式和卧式机箱结构的服务器，正面与计算机主机类似，侧面比计算机主机长很多，具体长度无统一标准，如图 1–1 所示。机箱结构较大，有较充足的扩容空间，并具备较好的散热功能。塔式服务器一般无须与机柜搭配，可放置在普通的办公环境中。塔式服务器体积较大，多机协同工作时在空间占用和系统管理上不方便，适用于小型企业。塔式服务器的主板扩展性较强，成本较低，应用范围广泛，主要应用在企业官网、多媒体 App、医疗成像、虚拟桌面基础架构等方面。

2. 机架式服务器

机架式服务器可认为是一种优化结构的塔式服务器，其外观按照统一标准设计，如图 1–2 所示。机架式服务器的机架结构宽度为 19 英寸（1 英寸约等于 2.54 厘米），高度以单位 "U" 计算，每 "U" 为 1.75 英寸，通常有 1U、2U、4U 和 8U 之分，其中以 1U 和 2U 为主。机架式服务器需要配合机柜使用，机柜内部空间有限，其缺点是扩充性能、散热性能和单机性能受限；优点是占用空间小，便于统一管理，适用于对服务器需求量较大的大型企业。机架式服务器主要应用在云计算、软件定义存储、超融合架构、CDN 缓存和超算中心等方面。

图 1-1　塔式服务器

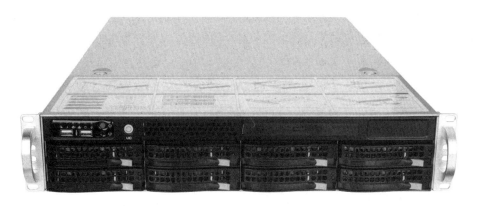

图 1-2　机架式服务器

3. 刀片式服务器

刀片式服务器是指在标准高度的机架式机箱内插装多个卡式服务器单元，实现高可用和高密度的服务器平台，如图 1-3 所示。刀片式服务器的主要结构是一个大型主体机箱，其内部可以插入多块"刀片"。其中，每块"刀片"都是一块系统主板，可以通过板载硬盘启动其操作系统，类似于一个个独立的服务器，服务于不同的用户群，也可以通过软件集合成一个服务器集群。刀片式服务器一般包括刀片服务器、刀片机框（含背板）及后插板三大部分。刀片式服务器主体机箱宽度为 19 英寸，可安装在42U 的标准机柜上。刀片式服务器通常比机架式服务器占用更少的空间，可通过优化空间来提供更强的计算能力，其主要应用在超算中心、异构计算、云计算平台、实时业务处理、商业智能分析及数据挖掘等方面。

图1-3　刀片式服务器

4. 机柜式服务器

机柜式服务器是符合未来数据中心基础架构的核心形态和发展趋势的服务器，如图 1-4 所示。它集计算、网络、存储于一体，在面向不同应用时可以部署不同的软件，并可提供一个整体的解决方案。机柜式服务器一般由一组冗余电源集中供电，由机柜背部的风扇墙集中散热。与机架式服务器相比，机柜式服务器通过整合供电和散热，可使运行功耗更低，可靠性更高。此外，机柜式服务器维护方便，无须烦琐拆装，能够轻松实现统一集中管理和业务自动部署。机柜式服务器主要应用在虚拟化、大数据分析、分布式存储、超算中心等快速一体化部署方面。

图1-4　机柜式服务器

二、按应用类型分类

不同的应用场景对服务器的功能要求也各有侧重，按照应用类型可将服务器划分为文件服务器、数据库服务器、应用服务器等。

1. 文件服务器

在局域网中，以文件数据共享为目标，将多台计算机使用的文件存储在一台服务器中，这种服务器被称为文件服务器。文件服务器相当于一个信息系统的大仓库，能够确保服务器磁盘子系统向用户快速地传递数据。

2. 数据库服务器

专门用于数据存储和管理的服务器被称为数据库服务器。为了便于数据管理，数据库服务器通常会安装数据库管理系统（Database Management System，DBMS），用于数据的查询和存取等，数据库管理系统使数据操作变得更加安全和可靠。

3. 应用服务器

应用服务器是指提供应用服务的网络服务器，是客户-服务器网络体系结构中重要的组成部分，它通过各种协议把商业逻辑暴露给客户端。当用户通过客户端访问服务端提供的商业逻辑时，应用服务器会接收客户端的请求，并根据请求运行相应的应用程序。应用服务器提供的另一个重要功能是负载均衡，能够确保不同客户端在访问服务器时稳定运行。此外，应用服务器还可以作为缓存服务器，用来减少用户对远程数据库的访问次数，以便提高系统的工作效率。

随着 AI 技术的快速发展和应用场景的不断细分，还出现了专门执行学习训练和推理任务的智能计算服务器、边缘计算服务器等。

三、按指令集类型分类

服务器按照指令集类型可划分为 CISC（复杂指令集）服务器、RISC（精简指令集）服务器两大类。其中，CISC 服务器以 x86 架构处理器（CUP）为主导，代表公司有 Intel 和 AMD；RISC 服务器（也称为 Non-x86 服务器）以 ARM、MIPS、Alpha、PowerPC 等架构处理器为主导，相关参与公司众多，国内的代表公司有兆芯、海光、鲲鹏、飞腾、龙芯、申威等。不同架构处理器的服务器比较见表 1-1。

表 1-1　不同架构处理器的服务器比较

架构	特点	价值	生态
ARM（代表公司有华为、飞腾、Ampere、Marvell）	众核架构，适合高并发、高带宽的计算场景	能够提高计算效率，节能与节省空间，高效能计算能够带来高性价比	IP 授权商业模式，生态开放和融合，数据中心应用生态逐步完善

架构	特点	价值	生态
x86（代表公司有 Intel 和 AMD）	高主频，高功耗，覆盖高性能和通用计算场景	驱动性能增长的工艺改进使得边际成本激增，摩尔定律难以为继	数据中心应用生态完善，但产业被少数公司掌握，较难实现合作共赢
MIPS、PowerPC、Alpha	部分特定的应用场景：桌面（MIPS）、超算（Alpha、PowerPC）等	PowerPC、Alpha 性能强劲，在小型机、超算应用领域有长期的成功应用	应用生态较为匮乏，参与公司较少，长期商业和技术路线暂不清晰

1.2 国产服务器

国产服务器是指主要的基础硬件（CPU、内存等）和基础软件（操作系统）完全采用国产技术的服务器。目前，国内生产服务器的厂商有很多，按照 CPU 架构的不同可将国产服务器分为三大类，分别是 x86 架构（以兆芯和海光为代表）服务器、ARM 架构（以鲲鹏和飞腾为代表）服务器和其他架构（采用 LoongArch 架构的厂商以龙芯为代表，采用 SW_64 架构的厂商以申威为代表）服务器。国产服务器品牌情况见表 1-2。

表 1-2　国产服务器品牌情况

CPU 架构	CPU 品牌	CPU 研发公司	服务器品牌	服务器生产商
x86	兆芯	上海兆芯	金品、ThinkSystem	金品、联想
	海光	中科曙光	中科曙光	中科曙光、联想
ARM	鲲鹏	华为海思	TaiShan、宝德自强	华为、宝德
	飞腾	中国长城	擎天、金品、宝德自强	中国长城、北京金品、宝德
LoongArch	龙芯	龙芯中科	龙芯、金品、宝德自强	龙芯中科、北京金品、宝德
SW_64	申威	申威科技	神威	申威科技

近年来，在信息化和数字化转型的双重推动下，国产服务器的出货量稳步增长，并在多个行业投入使用，市场表现出了对国产服务器性能和稳定性的认可，我国服务器行业市场规模及增长率如图 1-5 所示。

从相关行业的国产服务器需求来看，服务器厂商需要考虑企业机构业务发展的必要性，服务器需求总体保持平稳增长，各行业正在逐年进行国产设备替换。目前，金融行业推进速度较快，路线相对清晰。2021 年，金融行业新设立近百个国产设备替换试点，替换场景从办公 OA 系统向业务系统、核心业务系统延伸，2022 年进入规模推广阶段，推广的广度和深度进一步扩大。此外，电信行业国产设备替换正在起步，基数相对更大，但整体进度略滞后于金融行业，其后依次是教育、能源、医疗等行业。

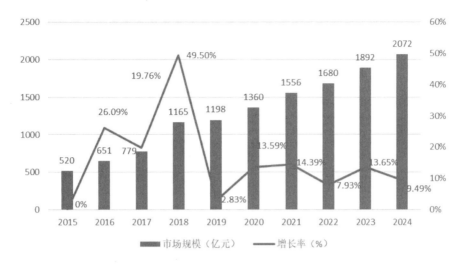

图1-5　我国服务器行业市场规模及增长率

1.3　国产服务器的构成

服务器硬件主要包括 CPU、存储器、芯片组、I/O 设备、机箱等。国产服务器中的 CPU 与存储器所涉及的相关厂商、技术和产品如下。

1. CPU

目前，国产 CPU 主要包括龙芯、申威、鲲鹏、飞腾、海光、兆芯等。按照技术路线可将 CUP 大致分为三类：第一类为龙芯与申威，早期分别采用 MIPS、Alpha 架构，目前都已自主研发指令系统，自主化程度最高；第二类为鲲鹏与飞腾，采用 ARM 架构，企业可以基于指令集架构授权并自主设计 CPU 核心，自主化程度较高；第三类为海光与兆芯，采用 x86 架构（仅为 IP 内核层级的授权），未来扩充指令集的难度较大，自主化程度较低。

三大技术路线在性能、应用生态等方面各有优劣。对于授权和自研架构的龙芯和申威来说，其自主化程度最高，但是应用生态较为匮乏，技术性能相对较弱，商业市场有待拓展；对于 IP 内核授权的海光和兆芯来说，其应用生态最为完善，技术性能也较高，但是授权级别仅为内核层级，未来扩充指令集的难度较大，安全自主部分仍有提升空间；对于指令集架构授权的鲲鹏和飞腾来说，其发展相对较为平衡，应用生态优于龙芯、申威，自主化程度优于海光、兆芯，目前在国内市场中认可度较高。国产CPU品牌对比见表1-3。

表 1-3　国产 CPU 品牌对比

架构	生产厂商	品牌	代表性产品	应用领域
x86	上海兆芯	兆芯	开胜® KH-30000 系列处理器	可满足交通、能源、税务和金融等市场的应用需求，主要面向服务器、存储等应用领域
	中科曙光	海光	HYGON7000 系列处理器	主要应用在对计算能力、扩展能力、吞吐量有较高要求的领域，包括云计算、大数据、数据库、分布式存储、人工智能等
ARM	华为海思	鲲鹏	华为鲲鹏 920 系列处理器	适合为大数据、分布式存储、原生应用、高性能计算和数据库等应用高效加速，旨在满足数据中心多样性计算、绿色计算的需求
	中国长城	飞腾	S2500 处理器	主要应用在高性能、高吞吐率服务器领域，如对大型业务主机、高性能服务器系统和大型互联网数据中心等处理能力和吞吐能力要求很高的行业
LoongArch	龙芯中科	龙芯	龙芯 3C5000/3C5000L 处理器	支持双路、四路机架式及塔式、高密度等多种服务器及存储产品形态，适用于数据中心、云计算及高性能计算等领域
SW_64	申威科技	申威	申威 SW1621 处理器	主要面向高性能计算和中高端服务器应用，可满足军用云计算、关键领域大数据应用等高可靠、高安全的存储需求
PowerPC	浪潮	浪潮	K1 Power 处理器	广泛应用于政务、金融、通信等相关领域

2. 存储器

按照数据保存特点，存储可分为易失性存储和非易失性存储两种方式，目前主要使用的易失性存储有 DRAM（Dynamic Random Access Memory，动态随机存取存储器），非易失性存储有 NAND flash 和 NOR flash。不同存储类型的国产存储器品牌对比见表1-4。

表 1-4　不同存储类型的国产存储器品牌对比

存储类型	生产厂商	特有技术	技术特点	相关应用厂商
DRAM	长鑫存储	DDR4 内存芯片	拥有更快的数据传输速率、更稳定的性能和更低的能耗	台电、金百达、光威
	芯盟科技	基于 HITOC™技术的 3D 4F² DRAM 架构	具备更低的位线电容、更低的字线延迟、更好的 CMOS 性能、更低的成本、更好的技术延展性	爱普科技

存储类型	生产厂商	特有技术	技术特点	相关应用厂商
NAND flash	长江存储	Xtacking	拥有更快的 I/O 传输速度、更高的存储密度	金泰克、致钛、光威、朗科、泽石
	兆易创新	采用串行 SPI 接口，集成存储阵列和控制器，内置 ECC 纠错算法	引脚少、封装尺寸小，擦写次数可达 5 万次，提高可靠性的同时延长产品使用寿命	华为、苹果
	东芯	中小容量的 NAND flash、NOR flash 和 DRAM	访问速率与功耗更具优势	华为、概伦电子
NOR flash	兆易创新	1.2mm×1.2mm 的超小型 USON6 封装	为空间受限的产品提供更大的设计自由度，显著延长电子设备的电池寿命	华虹、苹果、Skullcandy
	普冉	优化的 55nm NOR flash 工艺制程	宽电压、超低功耗、快速擦除和高性价比	三星、华为、杰理科技、中科蓝讯
	武汉新芯	50nm Floating Gate 工艺	支持低功耗宽电压工作，可为物联网、可穿戴设备和其他功耗敏感应用提供灵活的设计方案	三星、华为、乐鑫科技
	芯天下	NOR flash 和 SLC NAND flash	适用于支持快速访问的音视频智能模块、可穿戴设备和 IOT 产品	三星、美的、中兴

1.4 相关技术岗位

　　服务器相关技术岗位可分为管理类和专业技术类。专业技术类的岗位方向包括咨询规划、研发生产、迁移适配和保障运行等，从未来国产服务器渗透率和市场规模来看，保障运行类岗位需求巨大。保障运行类岗位包括服务器质量工程师、服务器运维工程师和服务器安全工程师，其中又以服务器运维工程师为主。

　　在国家关键领域大力推进国产设备应用的背景下，各行业在不断探索和建立有助于人才培养的政策环境和社会生态。相关院校已经在逐渐构建高水平人才培养体系，教育界和产业界也在不断进行深度产教融合，共同打造国产信息化领域人才培养和用人体系。

------------------ ✐ **章节检测** ------------------

1. 服务器相关技术岗位需求主要有哪些？
2. 国产服务器操作系统主要有哪些？

第**2**章

麒麟服务器操作系统的安装

> 知识目标

（1）了解麒麟服务器操作系统的技术特征。

（2）了解麒麟服务器操作系统的安装流程。

（3）了解麒麟服务器操作系统的基本硬盘分区概念。

> 能力目标

能够掌握安装麒麟服务器操作系统的完整过程。

> 素养目标

能够深刻理解国产操作系统在国家信息化产业发展中的重要性。

2.1 麒麟服务器操作系统概述

操作系统是承载各种信息设备和应用软件运行的基础平台，是配置在计算机硬件上的第一层系统软件。它是一组控制和管理计算机硬件和软件资源，合理地对各类作业进行调度，以方便用户使用的程序集合。操作系统管理所有的硬件和软件资源，控制所有的程序运行，是用户和计算机进行交互的接口。

为顺应我国信息技术产业的发展趋势，响应市场和客户需求，中国电子信息产业集团有限公司整合了旗下的两家操作系统公司——中标软件有限公司和天津麒麟信息技术有限公司，合并成立了麒麟软件有限公司。麒麟软件有限公司具备中国操作系统的核心力量，设计和开发了麒麟系列操作系统。银河麒麟高级服务器操作系统 V10（以下简称"麒麟服务器操作系统"）是其中的一个服务器版本的操作系统，其专门为企业级关键应用业务设计打造，适应云计算、大数据和工业互联网时代对操作系统的安全性、可靠性、扩展性和实时性的需求。麒麟服务器操作系统依据 CMI5 级标准研制，在深入优化国产硬件平台的基础上提供了内生安全和云原生技术支持功能，是一款具有高性能、易管理等特点的新一代自主服务器操作系统。麒麟服务器操作系统支持飞腾、鲲鹏、龙芯、申威、海光、兆芯等芯片硬件平台，可支撑构建大型数据中心服务器，也支持各种集群文件系统构建和应用虚拟化云平台等。麒麟服务器操作系统可部署在物理服务器、虚拟化环境和云环境的系统中，广泛应用于金融、教育、交通、医疗、制造等领域。麒麟服务器操作系统具有以下特点。

1. 支持多种硬件平台（跨平台）

麒麟服务器操作系统的最新版本支持飞腾、鲲鹏、龙芯、申威、海光、兆芯等国产 CPU 和 Intel、AMD 平台，通过优化内核，大幅度提升了系统的稳定性和性能，并对上百款读写设备、存储设备、网络设备提供了驱动程序支持。

2. 支持虚拟化技术和云平台

麒麟服务器操作系统使用了全球领先的开源虚拟化技术 KVM，提供图形化的安装与配置工具，方便用户搭建虚拟化环境，通过虚拟设备取代物理硬件，在提高现有设备使用效率的同时，也节约了成本。麒麟服务器操作系统适配并支持华为云、阿里云、腾讯云、浪潮云等平台，提供了新业务容器化运行和高性能可伸缩的安全容器应用管理平台。

3. 支持应用移植

麒麟服务器操作系统针对国内外主流的中间件应用给予了充分的支持与优化，包括中创、东方通、普元、金蝶、用友、WebLogic、Tuxedo、WebSphere、Tomcat 等，确保了软/硬件平台与操作系统之间能够进行高效、可靠的数据传递和转换。在此基础上，各类应用软件、管理工具、系统服务得以跨平台运行，用户可以在商用付费或开源免费软件中选择性价比更高的解决方案。

 ## 2.2 安装前的准备工作

1. 检查计算机硬件

用户可根据麒麟服务器操作系统的安装手册准备相关硬件，熟悉主机的 CPU 参数（字长、主频）、内存参数、主板结构及其性能参数、外设中的硬盘接口及容量参数、SCSI 设备、显卡参数、网卡参数等。另外，用户需设置待装主机的名称、所属域名、网络掩码、IP 地址、网关地址、DNS 地址等信息，明确硬件是否满足麒麟服务器操作系统安装的最低要求。安装麒麟服务器操作系统至少确保计算机有 8GB 内存和 30GB 磁盘空间。

2. 软件准备

获取麒麟服务器操作系统有两种途径。第一种途径是到麒麟官网下载操作系统的 ISO 镜像文件，该镜像文件可用于制作安装 U 盘，通过已经制作好的安装 U 盘来完成麒麟服务器操作系统的部署，U 盘容量需要在 8GB 以上。此外，也可在虚拟化应用平台内安装 ISO 镜像文件。第二种途径是通过麒麟官方渠道购买操作系统，购买成功后会获得一张 DVD 安装光盘。将安装光盘置入光驱中，并设置计算机 BIOS 为光驱引导，重新启动计算机后安装光盘会自动运行，并开始安装麒麟服务器操作系统。

麒麟操作系统有服务器版、桌面版和嵌入式版等一系列版本。需要注意的是，安装前一定要仔细阅读软件安装说明书，了解硬件的基本参数，做到软件与硬件的匹配和兼容。例如，如果准备的是 64 位的麒麟服务器操作系统，则不能把它安装到 32 位处理器的计算机上。因此，一定要明确软件版本，以及与之对应的硬件参数，做到心中有数后方可开始安装。

2.3 麒麟服务器操作系统安装流程

为一台计算机安装麒麟服务器操作系统，流程如下。

（1）将安装光盘置入光驱中，计算机通电后设置 BIOS，设置为光驱引导。

（2）检查光盘介质，按提示操作即可。

（3）选择安装过程中使用的语言。

（4）选择键盘布局。

（5）执行分区，包括自动分区和手动分区，建议手动分区。

（6）配置启动加载器。

（7）配置网络参数（IP 地址、子网掩码、网关地址、DNS 地址和主机名等）。

（8）设置时钟。

（9）设置超级用户 root 的密码。

（10）选择软件包或安装组件。建议初学者按照提示信息，选中所有软件包或安装组件。

2.4 硬盘分区

硬盘分区的目的是将整个硬盘划分成系统区和若干个用户区，方便实现文件系统的相关功能，如文件的读写、检索、存取等。麒麟服务器操作系统提供了自动分区和手动分区两种方法。

（1）在自动分区方法中，系统默认提供了 3 个分区："/" 分区、"/boot" 分区和 "swap" 分区。用户选择自动分区方式后，系统在安装时会自动划定上述 3 个分区，并默认设置各个分区的大小。因为默认设置可能与实际需要不符，所以安装程序提供了手动分区。

（2）手动分区方法需要由用户根据工程自行划定分区数量，并设定各个分区的大小。这种分区更符合服务器的不同需求，被服务器管理员广泛采用。手动分区不仅包含默认的"/"分区、"/boot"分区和"swap"分区，还可以根据需要，灵活增加"/home"分区或"/usr"分区，手动分区方法由管理员根据需求自行设定。

小结：手动分区一般需要包含"/"分区、"/boot"分区、"swap"分区、"/home"分区或"/usr"分区。其中，"/"分区是根分区，也称系统区，设定其大小需要根据硬盘容量合理分配。例如，将根分区容量设置为30GB，用来存放操作系统的系统文件。"/boot"分区用来存放系统启动时的初始化引导文件，容量可设置为 500MB；"swap"分区是用来支持虚拟内存的独立分区，容量可设置为物理内存容量的 2 倍；"/home"分区或"/usr"分区用来存放用户数据，容量可设置为所使用硬盘的全部剩余空间。

2.5 使用虚拟机安装麒麟服务器操作系统

对于初学者而言，很难接触到真实的服务器硬件平台，因此本书引入 VMware Workstation 10 软件来模拟服务器硬件平台，并讲述麒麟服务器操作系统的整个安装过程。

1. 安装并运行 VMware Workstation 10 软件

首先在一台安装了 Windows 操作系统的计算机上安装并运行 VMware Workstation 10 软件（后文中简称 VMware 软件），VMware 软件主页界面如图 2-1 所示，该主页界面包含创建新的虚拟机、打开虚拟机、连接远程服务器、虚拟化物理机和软件更新等功能。

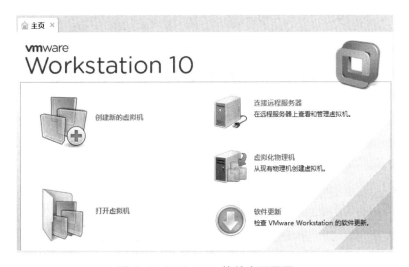

图 2-1　VMware 软件主页界面

2. 创建虚拟机

（1）单击"创建新的虚拟机"按钮，打开"新建虚拟机向导"对话框，如图 2-2 所示。选中"典型（推荐）"单选按钮，单击"下一步"按钮。

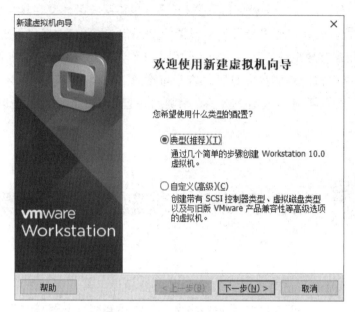

图 2-2　"新建虚拟机向导"对话框

（2）打开"安装客户机操作系统"界面，如图 2-3 所示。选中"稍后安装操作系统"单选按钮，单击"下一步"按钮。

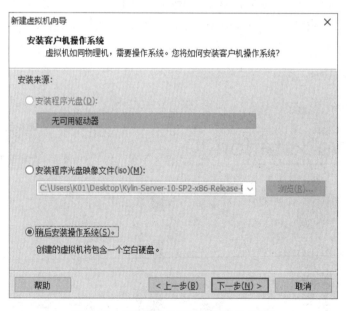

图 2-3　"安装客户机操作系统"界面

（3）打开"选择客户机操作系统"界面，如图 2-4 所示，选择与安装包相匹配的操作系统。在"客户机操作系统"选区中选中"Linux"单选按钮，在"版本"下拉列表中选择"Ubuntu 64 位"选项，单击"下一步"按钮。

图 2-4 "选择客户机操作系统"界面

（4）打开"命名虚拟机"界面，如图 2-5 所示。输入虚拟机名称并选择该虚拟机文件的保存位置后，单击"下一步"按钮。

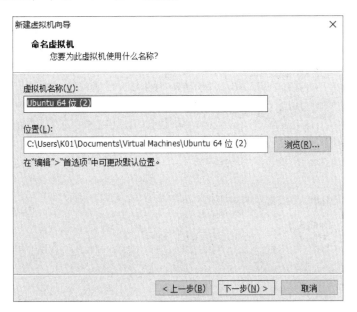

图 2-5 "命名虚拟机"界面

（5）打开"指定磁盘容量"界面，如图 2-6 所示。在该界面中给出了建议的虚拟机磁盘容量，在日常操作练习中，容量只要能够满足安装麒麟服务器操作系统的最小空间即可，可在"最大磁盘大小"数值框中手动输入数值，或者通过数值框右侧的数值调节按钮来调整最大磁盘大小。设置好最大磁盘大小后，单击"下一步"按钮。

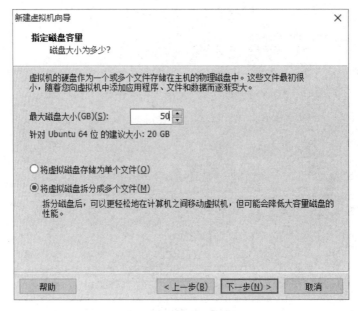

图 2-6　"指定磁盘容量"界面

（6）打开"已准备好创建虚拟机"界面，如图 2-7 所示。在该界面中可看到虚拟机的信息，如虚拟机的名称、位置、版本、操作系统、硬盘、内存、网络适配器等信息，单击"完成"按钮。

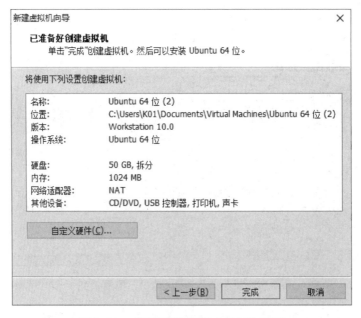

图 2-7　"已准备好创建虚拟机"界面

（7）此时，VMWarer 软件窗口展示了"Ubuntu 信息"界面，如图 2-8 所示。至此，用来安装麒麟服务器操作系统的虚拟机就创建完成了。

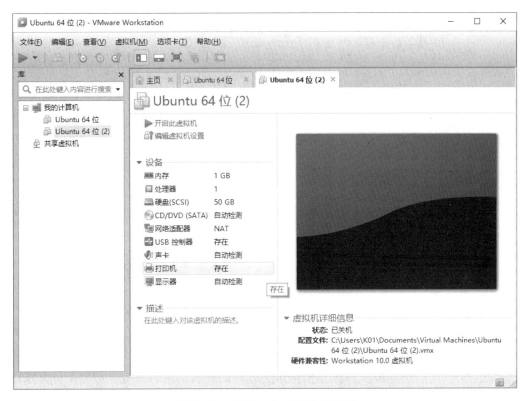

图 2-8 "Ubuntu 信息"界面 1

图 2-8 显示了虚拟机的相关硬件信息，包含内存、处理器、硬盘、CD/DVD、网络适配器、USB 控制器、声卡、打印机和显示器等。需要说明的是，服务器的软件环境是通过 VMware 软件模拟出来的，如果用的是其他的虚拟机软件或其他版本的 VMware 软件，那么所涉及的软件界面可能会有所不同。另外，在虚拟机创建过程中，需要时刻确保虚拟机的软件和硬件条件与后续要安装的麒麟服务器操作系统所需的软件和硬件要求相匹配，不可盲目地创建虚拟机，以免影响后续麒麟服务器操作系统的安装。

3. 加载麒麟服务器操作系统

（1）在如图 2-8 所示的界面中双击"CD/DVD"图标，打开"虚拟机设置"对话框，如图 2-9 所示。

图 2-9 "虚拟机设置"对话框

（2）按照如图 2-9 所示的相关设置，单击"浏览"按钮，在打开的窗口中找到并选中麒麟服务器操作系统的镜像文件，单击"确定"按钮，返回"Ubuntu 信息"界面，如图 2-10 所示。至此，虚拟机构造完毕，此时光驱中已加载了麒麟服务器操作系统的镜像文件。

图 2-10 "Ubuntu 信息"界面 2

4. 安装麒麟服务器操作系统

（1）在 VMware 软件窗口的标题下方有 6 个一级菜单项，单击"虚拟机"→"电源"→"启动进入 BIOS"选项，进入"BIOS 设置"界面，如图 2-11 所示。

图 2-11　"BIOS 设置"界面

（2）用键盘的向下箭头（↓）将焦点移动到 CD-ROM Drive 选项，同时按 Shift 键和加号键（＋)将光驱置顶，也就是将 CD-ROM Drive 设置为第一启动项，如图 2-12 所示，按 F10 键后保存并退出 BIOS 设置。图 2-11 中有详细的操作提示，此处不再赘述。

图 2-12　将 CD-ROM Drive 设置为第一启动项

（3）保存并退出后，BIOS 的光驱引导设置完成。启动此虚拟机，虚拟机加电启动后会进入麒麟服务器操作系统的引导界面，如图 2-13 所示。

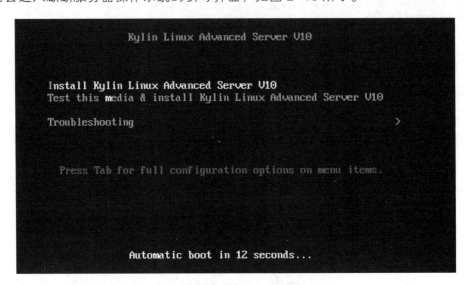

图 2-13　麒麟服务器操作系统的引导界面

（4）选择"Install Kylin Linux Advanced Server V10"选项，按 Enter 键后进入麒麟服务器操作系统的安装界面，如图 2-14 所示。

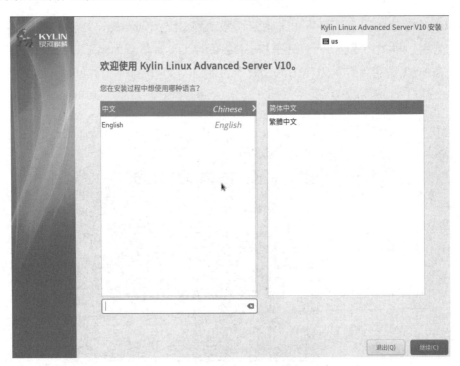

图 2-14　麒麟服务器操作系统的安装界面

（5）选择安装过程中想使用的语言（一般选择"简体中文"选项），单击"继续"

按钮，此时可看到安装信息摘要，如图 2-15 所示。

图 2-15　安装信息摘要

安装信息摘要包含以下信息：

① 键盘；

② 语言支持；

③ 时间和日期；

④ Root 密码；

⑤ 创建用户；

⑥ 安装源（一般包含光介质、磁介质、网络介质等）；

⑦ 软件选择（建议初学者全选）；

⑧ 安装位置（涉及分区）。

⑨ 网络和主机名（可设定主机名、IP 地址、子网掩码、网关、DNS 地址等）。

（6）分区方法有自动分区和手动分区，建议学会手动分区。以手动分区为例，单击图 2-15 中的"安装位置"按钮，在弹出的界面中选择"自定义"选项并单击"完成"按钮，进入手动分区界面。

注意：配置挂载点时一般会单独设置"/boot"分区、"swap"分区和"/"分区，成功完成后，将会显示已配置的挂载点并可以进行修改。安装信息摘要中比较重要的是设置"安装位置"和"网络与主机名"，这些都要按照实际需求设定，必要时可咨询网络管理人员。

（7）安装信息摘要中的每个选项都要按照实际需求进行详细设置，设置完成后单击"开始安装"按钮，安装进度界面如图 2-16 所示。

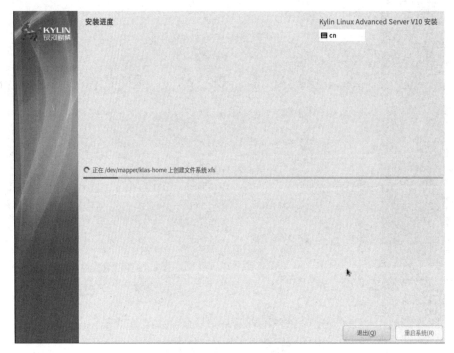

图 2-16　安装进度界面

（8）安装完成后的初始设置界面如图 2-17 所示。

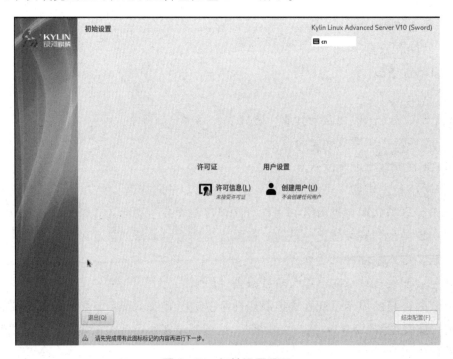

图 2-17　初始设置界面

注意：有两种用户可以登录麒麟服务器操作系统，一种是具有系统管理员身份的超级用户，另一种是普通用户。超级用户可以拥有所有的系统设置操作权限，普通用户只有在超级用户授权许可条件下才能享有某些操作权限。图 2-17 中的"创建用户"按钮是用来创建并配置普通用户的按钮。需要注意的是，超级用户只能有一个。

（9）创建用户后，单击"结束配置"按钮，在登录界面中输入超级用户的用户名和密码后即可进入麒麟服务器操作系统桌面，如图 2-18 所示。

图 2-18　麒麟服务器操作系统桌面

至此，麒麟服务器操作系统已在虚拟机中安装完成。

总结：第一步，正确创建虚拟机，配置软件和硬件参数；第二步，将安装镜像文件置入虚拟机的光驱，设置 BIOS 光驱引导；第三步，正确分区；第四步，设置网络和主机名等安装信息；第五步，选择软件包。

✎ 章节检测

1. 安装麒麟服务器操作系统时有哪些必不可少的分区？

2. 麒麟服务器操作系统是否有专门用来支持虚拟内存的分区？如何设定？

3. 如何制作引导光盘？

4. 举例说明麒麟服务器操作系统有哪些重要的应用领域。

5. 麒麟服务器操作系统有哪些具体的安装方式？是否可以通过网络服务器远程安装？

第 **3** 章

文件系统

➤ 知识目标

（1）了解硬盘分区的基本概念。

（2）了解 Linux 环境下硬盘分区的命名机制。

（3）了解文件系统的基本概念。

➤ 能力目标

（1）掌握硬盘分区的基本原则。

（2）掌握硬盘分区软件的使用方法。

（3）掌握文件系统的创建方法。

（4）掌握文件系统常用命令的使用方法。

➤ 素养目标

学好基础知识，坚定理念信仰，树立志存高远、脚踏实地的时代精神。

3.1 硬盘分区概述

生活中有很多分区的场景，比如图书馆就是经典的分区应用场景。试想一下，如果图书馆中的所有图书都随意放置，那么读者和图书管理员将很难找到指定的书籍。如果按照学科门类来划分图书的分区，把不同门类的图书放置在不同房间的指定区域，那么将会更加便于查找和管理。

硬盘就是俗称的外存储器，技术参数包含硬盘容量、接口类型、数据传输速率和缓存大小等。硬盘用于存储操作系统程序、用户程序、数据文件等需要长久保存的数据。

硬盘分区是指把硬盘按照实际需求有针对性地分成大小不同的若干区域。分区个数和各分区容量要按照实际需求划分，不能一概而论。合理的硬盘分区可以提高硬盘的访问效率，方便用户管理文件。

3.2 分区基本原则

从使用目的来看，硬盘可以划分为系统区与用户区。系统区对应主分区，用户区对应扩展分区。

主分区是放置操作系统程序的区域，根据需要可以设置多个主分区（一般来说，硬盘最多只能设置 4 个主分区）。例如，如果要在 1 块硬盘上安装 2 个操作系统，那么就需要创建 2 个主分区，分别用于存放对应的操作系统。

扩展分区又称为逻辑驱动器或逻辑卷，是存储除操作系统以外的其他数据的区域，根据用户需要，可以设置多个扩展分区。

假设有一块 200 GB 的硬盘，要求安装 3 个操作系统，存储 2 个种类不同的文件。此时，首先划分出 3 个主分区，如果约定每个主分区的大小为 30 GB（常见的操作系统安装所需的最小空间），那么剩下的 110 GB 空间则成为扩展分区，根据需求将 110 GB 空间划分为 2 个逻辑分区。

3.3 硬盘的分区信息

硬盘分区的本质是将硬盘在逻辑上划分成不同的空间，在各自的空间中分门别类地存放不同的数据信息。硬盘的分区信息一般包含主引导记录（Master Boot Record，MBR）、主分区信息和扩展分区信息，分区说明表见表 3-1。硬盘第一扇区（0 柱面，0 磁道）用于存放主引导记录，是计算机启动时 BIOS 读入和启动的扇区。主引导记录包含了硬盘参数、硬盘引导程序和分区说明表。其中，硬盘引导程序的作用为检查分区表是否正确，并且在系统自检完成后引导具有活动标志的分区上的操作系统。硬盘引导程序可以实现多个操作系统并存。主分区信息是操作系统所在的分区信息，扩展分区信息是用户区的分割要素。

表 3-1 分区说明表

硬盘第一扇区	主分区		扩展分区（细分成若干逻辑分区）	
主引导记录	引导扇区	数据区	引导扇区	数据区

3.4 硬盘设备的命名机制

设备是指计算机中的外围硬件装置，即除 CPU 和内存以外的所有硬件。通常情况下，设备中包含控制器和数据缓存，控制器和数据缓存用于完成设备与主机之间的数据交换。为了给用户提供友好的接口，操作系统会将设备统一当作文件对待，把对设备的访问简化为对文件的访问，从而为用户屏蔽硬件工作的复杂性。

硬盘是经典的外存储设备，其工作原理较为复杂，根据操作系统的设备独立性原则，硬盘的存取操作是通过硬盘设备的文件读写操作来实现的，因此有必要讨论硬盘设备文件的定义。

硬盘设备名称是硬盘的逻辑名称，它对应文件系统中的磁盘设备文件，文件系统给每种类型的磁盘设备都指定了相应的逻辑设备名称和设备文件。所有的设备文件都放在"/dev"目录下。硬盘设备文件描述见表 3-2。

表 3-2　硬盘设备文件描述

设备文件	含义
/dev/hd*	"/dev/hda1" 表示 IDE 硬盘的第一个主分区；"/dev/hda5" 表示 IDE 硬盘的第一个扩展分区分出的第一逻辑分区
/dev/sd*	"/dev/sda1" 表示 SCSI 硬盘的第一个主分区；"/dev/sda5" 表示 SCSI 硬盘的第一个扩展分区分出的第一逻辑分区

　　总结：以"hd"开头的设备文件对应的是 IDE 接口的硬盘，"hd"后面的字母 a、b、c、d 依次代表第几块硬盘，再后面的数字（1 至 4）代表相应的主分区标号，从 5 开始代表的是扩展分区上的逻辑分区标号。例如，"/dev/hdb1"代表第 2 块 IDE 接口的硬盘的第 1 个主分区；"/dev/hdb6"代表第 2 块 IDE 接口的硬盘扩展分区分出的第 2 个逻辑分区。同理，"sd"开头的设备文件对应的是 SCSI 接口的硬盘，"sd"后面的字母 a、b、c、d 依次代表第几块硬盘，再后面的数字（1 至 4）代表相应的主分区标号，从 5 开始代表的是扩展分区上的逻辑分区标号。例如，"/dev/sdb1"代表第 2 块 SCSI 接口的硬盘的第 1 个主分区，"/dev/sdb6"代表第 2 块 SCSI 接口的硬盘扩展分区分出的第 2 个逻辑分区。

3.5　硬盘的分区工具

　　在麒麟服务器操作系统的安装过程中，需要对磁盘进行初始分区，系统提供了图形化的分区工具。如果在使用过程中增加了硬盘，那么可以使用系统自带的 fdisk 命令对新增硬盘进行分区（只有超级用户才能对硬盘进行分区操作，其他用户没有此权限）。fdisk 的命令格式如下。

```
#fdisk　硬盘设备名称　//对指定硬盘分区
#fdisk　-l　硬盘设备名称　//显示指定硬盘的分区信息
```

fdisk 命令下的选项及说明见表 3-3。

表 3-3　fdisk 命令的选项及说明

选项	说明	选项	说明
a	启动分区	p	列出分区表
d	删除分区	q	退出不保存
l	列出分区	t	更改分区类型
m	列出所有子命令	u	切换所显示的分区大小的单位
n	创建一个新的分区	w	把相关设置写入分区表，然后退出

假设增加了一块 SCSI 接口的硬盘,使用"fdisk –l "命令可显示硬盘及分区列表,那么它的设备文件名为 "/dev/sdb"。使用 fdisk 命令对该硬盘进行磁盘分区,具体操作如下。

(1)创建主分区。

```
#fdisk  /dev/sdb   //"#"为超级用户的命令提示符
Command (m for help): m  //输入m,可看到fdisk的所有子命令和操作提示
Command (m for help): n //输入n,创建新的分区
Command  action
E    extended      //扩展分区
P    primary  partition(1-4)   //主分区
p    //输入p,创建主分区
Partition  number(1-4):1    //输入编号1
First   cylinder(1-522,default 1):  //按Enter键,从起始柱面创建新分区
Last  cylinder  or +size  or +sizeM  or +sizeK(1-522. default 522)
```

最后一句提示是在询问主分区要设置的容量大小,根据需要,简单计算后输入即可。比如,硬盘容量共 100GB,如果要设置主分区为 50GB,那么只需要输入 261(522/2),即计算机主分区的最后一个柱面是峰值的一半,也可以输入具体的"+size50GB"。

(2)创建扩展分区。

```
Command  action
E    extended      //扩展分区
P    primary  partition(1-4)    //主分区
e    //输入e,创建扩展分区
Partition  number(1-4):2    //输入编号2
First   cylinder(1-522,default  262):  //按Enter键
Last  cylinder  or +size  or +sizeM  or +sizeK(1-522. default  522)
```

最后一句提示是在询问扩展分区要设置的容量大小,按 Enter 键即可。剩余的硬盘容量将全部划给扩展分区。

(3)创建逻辑分区。

```
Command (m for help):
E    extended      //扩展分区
P    primary  partition(1-4)    //主分区
n    //输入n,创建逻辑分区
Command  action
L  logic
P    primary  partition
```

此时输入 l 即可,根据实际需求和提示,设置每个逻辑分区的大小。假设有两个逻辑分区,每个逻辑分区设为 25GB。

```
Command (m for help):w //输入W,保存并退出
```

输入 p 会显示以下类似的信息。

```
/dev/sdb1    包含50GB
/dev/sdb2
/dev/sdb5    包含25GB
/dev/sdb6    包含25GB
```

总结：根据提示首先创建主分区，设置主分区容量大小；其次创建扩展分区，根据需要设置扩展分区容量大小；最后创建逻辑分区，根据需要设置逻辑分区容量大小。根据实际需求，按照提示进行计算，即可规划好每个分区的容量。

3.6 文件系统

一、理解文件系统

1. 从系统角度理解文件系统

文件系统是指操作系统中与管理文件有关的软件和数据。文件系统约定了存储和访问数据的方式。从系统角度来看，文件系统实现了文件存储空间分配和文件共享与保护。一个文件系统在逻辑上是相对独立的实体，能够被操作系统管理和使用。麒麟服务器操作系统内核采用了虚拟文件系统（Virtual File System，VFS）技术，支持多种不同类型的文件系统，每种类型的文件系统都为 VFS 提供了一个公共的系统调用接口。文件系统的所有细节都由软件进行转换，因此麒麟服务器操作系统内核及在其上运行的程序都可以无差别地访问不同的文件系统。

2. 从用户角度理解文件系统

从用户角度来看，文件系统实现了文件的按名存取，即由系统根据用户给定的文件名从存储器中找到所需文件，并实现文件复制、粘贴等操作。换句话说，文件系统对所有目录和文件的管理采用树状结构，而用户就是通过树状结构来使用文件系统的。用户根据自己的权限，可以进入一个已经授权的目录。

二、麒麟服务器操作系统支持的文件系统

麒麟服务器操作系统支持多种类型的文件系统，甚至是跨平台文件系统，很好地体现了跨平台的特质。

1. ext4 文件系统

ext4 是类 UNIX 系统中最常用和主流的文件系统，它基于 ext3 进行了重大改进和扩展。与 ext3 相比，ext4 引入了许多新特性和性能提升，并保持了向后兼容。它能够支持更大的文件系统容量和单个文件，并在 ext3 的日志功能基础上新增了日志校验功能，以及提供了无日志模式。

2. VFAT 文件系统

DOS 下的所有 FAT 文件系统在麒麟服务器操作系统中统称为 VFAT，包含 FAT16、FAT32 等。也就是说，麒麟服务器操作系统既可以新建 VFAT 文件系统，也可以顺利识别并挂载现有的任何 FAT 系列文件系统。

3. SWAP 文件系统

SWAP 作为交换分区使用，用来支持虚拟内存技术，一般可设置为内存容量的 2 倍及以上。交换分区是在安装系统时必须有的选项，文件系统类别也需选择 SWAP，一般由操作系统自动管理，用户无须过多干预。

4. XFS 文件系统

XFS 文件系统是一种高性能的日志文件系统，极具伸缩性和健壮性。其具备的数据完整性、传输特性、可扩展性、高传输带宽等特性，让 XFS 成为了目前主流的类 UNIX 系统文件系统。

5. ISO9660 文件系统

ISO9660 文件系统是为光盘媒体设计的标准文件系统，麒麟服务器操作系统可支持此格式的光盘读取操作。

3.7 创建文件系统

文件系统可通过 mkfs.ext3 命令创建，即格式化命令。mkfs.ext3 的命令格式如下。

```
#mkfs.ext3 选项 设备名
```

mkfs.ext3 命令的选项及说明见表 3-4。

表 3-4　mkfs.ext3 命令的选项及说明

选项	说明
-c	创建文件系统前，检查硬盘是否有坏块
-l	设置卷标
-m	指定保留区块的比例
-j	指定 ext3 日志参数
-q	执行命令时不显示信息

在 3.3 小节中讲过一个实例，假设新增了一个 SCSI 接口的硬盘，已经按照需求划分了主分区和扩展分区，扩展分区又包含有两个逻辑分区，如果要在上述分区中创建 ext3 文件系统，那么可以在桌面空白处单击鼠标右键，在弹出的快捷菜单中选择"新建终端"选项，在 "#"命令提示符右侧输入如下命令。

```
#mkfs.ext3    /dev/sdb1    //格式化主分区，创建ext3文件系统
#mkfs.ext3    /dev/sdb5    //格式化扩展分区的第一个逻辑分区
#mkfs.ext3    /dev/sdb6    //格式化扩展分区的第二个逻辑分区
```

需要说明的是，只有超级用户 root 才能执行分区和格式化命令，其他用户没有此项操作的权限。另外，"#mkfs.ext3 选项 设备名"中的设备名一定要写对，可以事先用 "fdisk -l"命令查看所有的硬盘分区，然后根据具体要求进行格式化操作。

3.8　目录结构

计算机系统中有很多文件，如何组织文件的存放是文件系统负责的主要内容之一。在操作系统中，对文件进行控制和管理的数据结构称为 i 节点（index node）。每个文件都有唯一的 i 节点，其存储了描述文件性质的详细内容，如文件名、文件类型、外存地址、文件大小、保护信息、时间节点等信息。i 节点简称为文件控制块。

为了加快文件的检索速度，往往将文件控制块集中在一起进行管理，这种文件控制块的有序集合就是文件目录，文件控制块就是目录项。完全由目录项构成的文件称为目录文件，简称目录。目录文件具有将文件名转换成该文件在外存中的物理位置的功能，实现文件名与文件的磁盘物理地址的映射。

麒麟服务器操作系统采用树状结构来管理文件及其目录。安装麒麟服务器操作系统时会创建根分区 "/"，也就是系统唯一的根目录。从根目录出发创建一系列目录树。目录树主要用于对系统文件及不同用户和不同性质的文件进行分门别类的管理。也就是说，文件系统会根据文件性质将文件存放在不同的目录里，类似于图书馆对图书的

管理方式。

　　麒麟服务器操作系统的文件系统负责管理存储设备上的数据。该文件系统提供了一个接口，使用户能够检索、读取和写入文件。用户看到的目录结构是文件系统的一个关键部分，它以树状结构组织文件和子目录，使用户能够方便地访问和管理文件。文件系统的目录结构如下。

　　（1）/：唯一的根目录，系统安装时创建的根分区与之对应。

　　（2）/bin：存放二进制的可执行程序。

　　（3）/boot：存放系统引导时的文件。

　　（4）/usr：存放系统应用程序。

　　（5）/mnt：临时挂载点目录。

　　（6）/sbin：存放只能超级用户访问的可执行程序。

　　（7）/etc：存放系统配置文件。

　　（8）/tmp：临时文件。

　　（9）/lib：共享库与内核模块。

　　（10）/var：随时改变的文件目录。

　　（11）/opt：第三方软件的存放目录。

　　（12）/home：用户的宿主目录的根集合。

　　（13）/root：超级用户目录。

　　（14）/dev：存放设备文件的目录。

　　（15）/media：即插即用设备的挂载点目录，如 CD-ROM。

------------------- ✐ 章节检测 -------------------

　　1. 如何理解麒麟操作系统的目录结构？

　　2. 麒麟操作系统都支持哪些文件系统类型？

　　3. 文件系统的功能有哪些？

　　4. 绝对路径与相对路径的区别有哪些？

　　5. 从操作层面讲，文件系统是如何产生的？

　　6. 在装有麒麟服务器操作系统的虚拟机上完成下述操作。

　　（1）为虚拟机增加一块容量为 100GB 的 SCSI 接口的硬盘（称作硬盘 2）和一块容量为 100GB 的 IDE 接口的硬盘（称作硬盘 3）。

（2）为增加的两块硬盘进行分区，包含一个 50GB 的主分区（ext3），一个 50GB 的扩展分区，在扩展分区建立两个相同大小的逻辑分区。

（3）对每块硬盘的主分区和逻辑分区进行格式化。

（4）在硬盘 1 的"/mnt"目录下创建 6 个目录作为挂载点，把上述两个硬盘的六个分区挂载到特定的目录下。

第**4**章
常用命令

➤ 知识目标

　了解 Shell 的基本定义与命令格式。

➤ 能力目标

　（1）掌握常用 Shell 命令的使用方法。

　（2）掌握 Vi 文本编辑器的使用方法。

➤ 素养目标

　通过完成学习任务，培养学生的独立思考能力和逻辑思维能力。

4.1 Shell 与命令接口简介

一般来讲，操作系统为用户提供两类接口：第一类接口是程序接口，用于实现用户程序与操作系统内核程序之间的通信与交互；第二类接口是命令接口，也称为操作接口，用于实现用户直接操作计算机的软件和硬件系统。麒麟服务器操作系统中的命令解释器称为 Shell。也就是说，Shell 接收用户输入的命令，翻译后送往内核程序执行，从而实现用户与系统之间的交互操作。Shell 在麒麟服务器操作系统中具有重要的作用，Shell 在系统中的地位如图 4-1 所示。

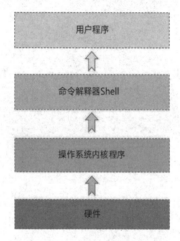

图 4-1　shell 在系统中的地位

1. Shell

Shell 为命令解释器，它可以执行所有可执行文件，包括麒麟服务器操作系统的内部命令（通常位于"/bin"或"/sbin"目录中）、外部命令、实用程序等。Shell 的执行过程很简单，当用户输入并提交了一个命令后，Shell 首先会判断其是否为内部命令，如果是内部命令，则把它翻译成系统的功能调用并转给内核程序执行；如果是外部命令或实用程序，则在硬盘中找到该外部命令或实用程序，并将其调入内存解释器后交至内核程序执行。判断内部命令的标准是把接收到的命令与事先存放在系统目录"/bin"或"/sbin"中的命令进行比较和匹配，若一致，则按内部命令处理，否则按外部命令处理。

2. 命令格式

Shell 命令一般包含三个部分：命令动词、选项和参数。

示例命令如下。

```
fdisk  -l  /dev/sda    //显示第一块硬盘的分区状况
mount  /dev/cdrom  /mnt/linux    //挂载光驱到特定目录
```

3. 通配符

星号（ * ）代表任意字符的组合，如 ls *.exe。问号（？）代表单个字符。

示例命令如下。

```
ls *.exe        // 显示当前目录下所有以.exe结尾的文件
ls ??.exe       // 显示当前目录下所有以两个字符开头，以.exe结尾的文件
```

4. 文件与目录结构

对操作系统来说，文件是指具有特定意义的字节序列的集合，目录是指 FCB（文件管理控制块）的集合。文件和目录的命名需遵循见名知意，不能使用系统的保留字。例如，Windows 操作系统中的文件夹就是目录，它里面存放的是 FCB 和文件的管理信息。

5. 设备文件

此处的设备是指计算机的外围设备，麒麟服务器操作系统为了屏蔽用户对设备访问的复杂性，以及屏蔽设备复杂的硬件细节，通过操作系统的设备独立性原理，以设备文件的方式操作外围设备。也就是说，用户通过设备的逻辑名来访问设备，这样做的好处是用户无须关心设备的硬件复杂性。

（1）设备文件 "/dev/hd*"，表示 IDE 设备。

（2）设备文件 "/dev/sd*"，表示 SCSI 设备。

（3）设备文件 "/dev/lp*"，表示并口设备。

（4）设备文件 "/dev/scd*"，表示光驱设备。

（5）设备文件 "/dev/tty*"，表示终端设备。

4.2　操作命令

一、获得命令帮助的方法

使用 whatis 命令可以获得命令的简要功能描述，如 "whatis ping"，也可以使用 "man +命令名称" 来获取命令的使用手册。

二、常用的文件目录操作命令

用户登录麒麟服务器操作系统，右击桌面空白处，在弹出的快捷菜单中单击"新建终端"选项，即可进入终端操作界面。在"#"或"$"提示符后按照 Shell 命令的格式输入命令，按 Enter 键即可执行命令。"#"提示符是超级用户的提示符，"$"提示符是普通用户的提示符。需要注意的是，普通用户因为权限问题只能执行部分命令，涉及系统管理或系统调用的命令一般只能由超级用户执行。在命令格式中，经常会用到路径的概念，绝对路径是指从根目录出发，直至找到目标文件所经历的目录名的集合；相对路径是指从当前工作目录出发，直至找到目标文件所经历的目录名的集合。

三、常用的操作命令

1. ls 命令

（1）功能说明：列出目录内容，显示文件和目录列表。

（2）命令格式如下。

```
ls[-1|a|A|b|B|c|C|d|D|f|F|g|G|h|H|i|k|l|L|m|n|N|o|p|q|Q|r|R|s|S|t
|u|U|v|x|X][-I<范本样式>][-T<跳格字数>][-w<每列字符数>][--block-size=<区块大小>]
[--color=<使用时机>][--format=<列表格式>][--full-time][--help][--indicator
-style=<标注样式>][--quoting-style=<引号样式>][--show-control-chars][--sort
=<排序方式>][--time=<时间戳记>][--version][文件或目录]
```

（3）参数说明如下。

–1：每列仅显示一个文件或目录名称。

–a：列出目录下所有文件和目录，包括以"."开头的隐藏文件。

–A：显示所有文件和目录，但不显示当前目录和上层目录。

–b：显示脱离字符。

–B：忽略备份文件和目录。

–c：更改时间排序，显示文件和目录。

–C：通过由上到下，从左到右的直行方式显示文件和目录名称。

–d：显示目录名称而非其内容。

–D：利用 Emacs 模式产生文件和目录列表。

–f：此参数的效果与同时指定"aU"参数相同，并关闭"–lst"参数的效果。

–F：加一个标记在文件后面，使文件类型能快速分辨。

–g：此参数将忽略不予处理。

–G：不显示群组名称。

–h：用"K""M""G"来显示文件和目录的大小。

–H：此参数的效果和指定"–h"参数的效果类似，但计算单位为 1000B，而非

1024B。

　　–i：显示文件和目录的 inode 编号。

　　–I<范本样式>：不显示符合范本样式的文件或目录名称。

　　–k：此参数的效果和指定"block–size=1024"参数相同。

　　–l：使用详细格式列表。

　　–L：若遇到性质为符号连接的文件或目录，则直接列出该连接所指向的原始文件或目录。

　　–m：用逗号（,）区隔每个文件和目录的名称。

　　–n：以用户识别码和群组识别码替代其名称。

　　–N：直接列出文件和目录名称，包括控制字符。

　　–o：此参数的效果和指定"–l"参数类似，但不列出群组名称或识别码。

　　–p：此参数的效果和指定"–F"参数类似，但不会在执行文件名称后面加星号(*)。

　　–q：用问号（？）取代控制字符，列出文件和目录名称。

　　–Q：用引号（""）把文件和目录名称标示起来。

　　–r：反向排序。

　　–R：递归处理，将指定目录下的所有文件及子目录一并处理。

　　–s：显示文件和目录的大小，以区块为单位。

　　–S：用文件和目录的大小排序。

　　–t：用文件和目录的更改时间排序。

　　–u：以最后存取时间排序，显示文件和目录。

　　–U：列出文件和目录名称时不排序。

　　–v：文件和目录的名称列表按版本进行排序。

　　–w<每列字符数>：设置每列的最大字符数。

　　–x：按由上至下，从左到右的横列方式显示文件和目录名称。

　　–X：按文件和目录的最后一个扩展名排序。

　　––block–size=<区块大小>：指定存放文件的区块大小。

　　––color=<列表格式>：配置文件和目录的列表格式。

　　––full–time：列出完整的日期与时间。

　　––help ：在线帮助。

　　––indicator–style=<标注样式>：在文件和目录等名称后面加上标注，易于辨识该名称所属的类型。

　　––quoting–syte=<引号样式>：按指定的引号样式把文件和目录名称标示起来。

　　––show–control–chars：在显示文件和目录列表时，使用控制字符。

　　––sort=<排序方式>：配置文件和目录列表的排序方式。

　　––time=<时间戳记>：用指定的时间戳记取代更改时间。

　　--version：显示版本信息。

2. cp 命令

（1）功能说明：复制文件或目录。

（2）命令格式如下。

```
cp [-a|b|d|f|i|l|p|P|r|R|s|u|v|x][-S <备份字尾字符串>][-V<备份方式>]
[--help][--spares=<使用时机>][--version][源文件或目录][目标文件或目录][目的目
录]
```

　　（3）补充说明：cp 命令用于复制文件或目录，若同时指定两个以上的文件或目录，且最后的目的目录是一个已经存在的目录，则它会把前面指定的所有文件或目录复制到该目录下。若同时指定多个文件或目录，而最后的目的目录并非是一个已存在的目录，则会提示出现错误信息。

　　（4）参数说明如下。

　　-a：用于递归的复制目录及其内容，并保留源文件或目录的属性。

　　-b：删除覆盖目标文件之前的备份，备份文件会在字尾加上一个备份字符串。

　　-d：当复制符号连接时，会将目标文件或目录也建立为符号连接，并指向与源文件或目录连接的原始文件或目录。

　　-f：无论目标文件或目录是否已存在，都将强行复制文件或目录。

　　-i：覆盖已有文件之前先询问用户。

　　-l：对源文件建立硬连接，而非复制文件。

　　-p：保留源文件或目录的属性。

　　-P：保留源文件或目录的路径。

　　-r 或-R：递归处理，将指定目录下的文件与子目录一并处理。

　　-s：对源文件建立符号连接。

　　-S<备份字尾字符串>：用"-b"参数备份目标文件后，备份文件的字尾会被加上一个备份字符串，预设的备份字尾字符串为符号"~"。

　　-u：使用该参数后，只会在源文件的更改时间比目标文件更新时间新，或在名称相互对应的目标文件不存在时，才复制文件。

　　-v：显示命令执行的过程。

　　-V<备份方式>：用"-b"参数备份目标文件后，备份文件的字尾会被加上一个备份字符串，该字符串可用"-S"参数变更，当使用"-V"参数指定不同备份方式时，也会产生不同字尾的备份字串。

　　-x：复制文件或目录存放的文件系统，必须与 cp 命令执行时所处的文件系统相同，否则不予复制。

　　--help：在线帮助。

　　--sparses=<使用时机>：设置保存稀疏文件的时机。

--version：显示版本信息。

（5）示例命令如下。

```
    # cp /home/a/a.txt /home/b  //将用户a的a.txt文件复制到目录"/home/b"
中，文件名保持不变。
```

思考一个问题，当前用户 a 登录麒麟服务器操作系统后，在提示符下输入"\$ cp /home/a/a.txt /home/b"命令，请问该命令能否执行，为什么？

3. touch 命令

（1）功能说明：改变文件或目录的时间。

（2）命令格式如下。

```
    touch [-a|c|f|m][-d<日期时间>][-r<参考文件或目录>][-t<日期时间>][--help]
[--version][文件或目录]
    或
    touch [-a|c|f|m][--help][--version][日期时间][文件或目录]
```

（3）补充说明：使用 touch 命令可更改文件或目录的日期时间，包括存取时间和更改时间。

（4）参数说明如下。

-a：只更改存取时间。

-c：不建立任何文件。

-d<时间日期>：使用指定的日期时间，而非现在的时间。

-f：此参数将忽略不予处理，仅负责解决 BSD 版本 touch 命令的兼容性问题。

-m：只更改变动时间。

-r<参考文件或目录>：将指定文件或目录的日期时间，统一设成与参考文件或目录相同的日期时间。

-t<日期时间>：使用指定的日期时间，而非现在的时间。

--help：在线帮助。

--version：显示版本信息。

（5）示例命令如下。

```
    [root@localhost Desktop]# touch link.txt  //创建link.txt文件
    [root@localhost Desktop]# ls
    100.bash gpgj link.txt ysc007
```

4. ln 命令

（1）功能说明：创建链接文件，连接文件或目录。

（2）命令格式如下。

```
    ln [-b|d|f|i|n|s|v][-S<字尾备份字符串>][-V<备份方式>][--help][--version]
[源文件或目录][目标文件或目录]
    或
```

```
ln [-b|d|f|i|n|s|v][-S<字尾备份字符串>][-V<备份方式>][--help][--version]
[源文件或目录][目标文件或目录]
```

（3）补充说明：ln 命令用于连接文件或目录，若同时指定两个以上的文件或目录，且最后的目的目录是一个已经存在的目录，则会把前面指定的所有文件或目录复制到该目录中。若同时指定多个文件或目录，且最后的目的目录并非一个已存在的目录，则会出现错误信息。

（4）参数说明如下。

–b：删除覆盖目标文件之前的备份。

–d：建立目录的硬连接。

–f：无论文件或目录是否存在，都将强行建立文件或目录的连接。

–i：覆盖已有文件之前先询问用户。

–n：把符号连接的目的目录视为一般文件。

–s：对源文件建立符号连接，而非硬连接。

–S<字尾备份字符串>：使用"–b"参数备份目标文件后，备份文件的字尾会被加上一个备份字符串，预设的字尾备份字符串为波浪号（~），可通过"–S"参数来改变。

–v：显示指令执行过程。

–V<备份方式>：使用"–b"参数备份目标文件后，备份文件的字尾会被加上一个备份字符串，这个字符串可用"–S"参数变更，当使用"–V<备份方式>"参数指定不同备份方式时，会产生不同字尾的备份字符串。

--help：在线帮助。

--version：显示版本信息。

（5）示例命令如下。

```
[root@localhost Desktop]# touch  ysc.txt
[root@localhost Desktop]# ln -s  ysc.txt  link.txt
[root@localhost Desktop]# ls
2022-12-02.log VMwareTools-10.3.22-15902021.tar.gz  ysc.txt
jdk-7u7-linux-i58632.tar.gz  vmware-tools-distrib
link.txt ysc
[root@localhost Desktop]#。
```

5. pwd 命令

（1）功能说明：显示当前工作目录。

（2）命令格式如下。

```
pwd [--help][--version]
```

（3）补充说明：执行 pwd 命令后，可知目前所在的工作目录的绝对路径名称。

（4）参数说明。

--help：在线帮助。

--version：显示版本信息。

（5）示例命令如下。

```
[root@localhost ~]# cd /etc
[root@localhost etc]# pwd
/etc
[root@localhost etc]#
```

6. cd 命令

（1）功能说明：用于工作路径的切换。

（2）命令格式如下。

```
cd  目的目录
```

（3）可选参数。

-：切换到上一次目录。

~：切换到"家目录"。

..：切换到上级目录。

（4）示例命令如下。

```
cd  /home/a  //切换到目的目录"/home/a"
```

7. find 命令

（1）功能说明：在文件系统中查找指定的文件。

（2）命令格式如下。

```
find [目录][-amin<分钟>][-anewer<参考文件或目录>][-atime<24小时数>]
[-cmin<分钟>][-cnewer<参考文件或目录>][-ctime<24小时数>][-daystart][-depth]
[-expty][-exec<执行指令>][-false][-fls<列表文件>][-follow][-fprint<列表文
件>][-fprint0<列表文件>][-fprintf<列表文件><输出格式>][-fstype<文件系统类型>]
[-gid<群组识别码>][-group<群组名称>][-help][-ilname<范本样式>][-iname<范本样
式>][-inum<inode编号>][-ipath<范本样式>][-iregex<范本样式>][-links<连接数目>]
[-lname<范本样式>][-ls][-maxdepth<目录层级>][-mindepth<目录层级>][-mmin<分钟>]
[-mount][-mtime<24小时数>][-name<范本样式>][-newer<参考文件或目录>][-nogroup]
[noleaf][-nouser][-ok<执行指令>][-path<范本样式>][-perm<权限数值>][-print]
[-print0][-printf<输出格式>][-prune][-regex<范本样式>][-size<文件大小>][-true]
[-type<文件类型>][-uid<用户识别码>][-used<日数>][-user<拥有者名称>][-version]
[-xdev][-xtype<文件类型>]
```

（3）补充说明：find 命令用于查找符合条件的文件。任何位于参数之前的字符串都将被视为欲查找的目录。

（4）参数说明。

-amin<分钟>：查找在指定时间曾被存取过的文件或目录，单位以分钟计算。

-anewer<参考文件或目录>：查找其存取时间较指定文件或目录的存取时间更接

近现在的文件或目录。

–atime<24 小时数>：查找在指定时间内被存取过的文件或目录，单位以 24 小时计算。

–cmin<分钟>：查找在指定时间被更改过的文件或目录。

–cnewer<参考文件或目录>：查找其更改时间较指定文件或目录的更改时间更接近现在的文件或目录。

–ctime<24 小时数>：查找在指定时间内被更改过的文件或目录，单位以 24 小时计算。

–daystart：从当前日期开始计算时间。

–depth：从指定目录下最深层的子目录开始查找。

–expty：寻找文件大小为 0 Byte 的文件，或者目录下没有任何子目录或文件的空目录。

–exec<执行指令>：假设 find 命令的返回值为 True，则执行该指令。

–false：将 find 命令的返回值皆设为 False。

–fls<列表文件>：此参数的效果和指定"–ls"参数类似，会将结果保存为指定的列表文件。

–follow：排除符号连接。

–fprint<列表文件>：此参数的效果和指定"–print"参数类似，会将结果保存成指定的列表文件。

–fprint0<列表文件>：此参数的效果和指定"–print0"参数类似，会将结果保存成指定的列表文件。

–fprintf<列表文件><输出格式>：此参数的效果和指定"–printf"参数类似，会将结果保存成指定的列表文件。

–fstype<文件系统类型>：只寻找该文件系统类型下的文件或目录。

–gid<群组识别码>：查找符合指定之群组识别码的文件或目录。

–group<群组名称>：查找符合指定之群组名称的文件或目录。

–help：在线帮助。

–ilname<范本样式>：此参数的效果和指定"–lname"参数类似，但会忽略字符大小写的差别。

–iname<范本样式>：此参数的效果和指定"–name"参数类似，但会忽略字符大小写的差别。

–inum<inode 编号>：查找符合指定的 inode 编号的文件或目录。

–ipath<范本样式>：此参数的效果和指定"–ipath"参数类似，但会忽略字符大小写的差别。

–iregex<范本样式>：此参数的效果和指定"–regexe"参数类似，但会忽略字符大小写的差别。

–links<连接数目>：查找符合指定的硬连接数目的文件或目录。

–iname<范本样式>：指定字符串作为寻找符号连接的范本样式。

–ls：假设 find 命令的返回值为 True，则将文件或目录名称列出到标准输出。

–maxdepth<目录层级>：设置最大目录层级。

–mindepth<目录层级>：设置最小目录层级。

–mmin<分钟>：查找在指定时间内容被更改过的文件或目录，单位以分钟计算。

–mount：此参数的效果和指定"–xdev"参数相同。

–mtime<24 小时数>：查找在指定时间内被更改过的文件或目录，单位以 24 小时计算。

–name<范本样式>：指定字符串作为寻找文件或目录的范本样式。

–newer<参考文件或目录>：查找其更改时间较指定文件或目录的更改时间更接近现在的文件或目录。

–nogroup：找出不属于本地主机群组识别码的文件或目录。

–noleaf：不考虑目录，至少需要拥有两个硬连接存在。

–nouser：找出不属于本地主机用户识别码的文件或目录。

–ok<执行指令>：此参数的效果和指定"–exec"参数类似，但在执行指令之前会先询问用户，若回答"y"或"Y"，则放弃执行指令。

–path<范本样式>：指定字符串作为寻找目录的范本样式。

–perm<权限数值>：查找符合指定的权限数值的文件或目录。

–print：假设 find 命令的返回值为 True，则将文件或目录名称列出到标准输出。格式为每列一个名称，每个名称之前都有"./"字符串。

–print0：假设 find 命令的返回值为 True，则将文件或目录名称列出到标准输出。格式为全部的名称皆在同一行。

–printf<输出格式>：假设 find 命令的返回值为 True，则将文件或目录名称列出到标准输出。格式可以自行指定。

–prune：不寻找字符串作为寻找文件或目录的范本样式。

–regex<范本样式>：指定字符串作为寻找文件或目录的范本样式。

–size<文件大小>：查找符合指定的文件大小的文件。

–true：将 find 命令的返回值设为 True。

–type<文件类型>：只寻找符合指定的文件类型的文件。

–uid<用户识别码>：查找符合指定的用户识别码的文件或目录。

–used<日数>：查找文件或目录被更改之后在指定时间曾被存取过的文件或目录，单位以日计算。

–user<拥有者名称>：查找符合指定拥有者名称的文件或目录。

--version：显示版本信息。

--xdev：将范围局限在现行的文件系统中。

--xtype<文件类型>：此参数的效果和指定"--type"参数类似，其差别在于针对符号连接检查。

8. mkdir 命令

（1）功能说明：创建目录。

（2）命令格式如下。

```
mkdir [-p][--help][--version][-m<目录属性>][目录名称]
```

（3）补充说明：mkdir 命令可用来建立目录并同时设置目录的权限。

（4）参数说明如下。

--m<目录属性>：建立目录时，同时设置目录的权限。

--p：若所要建立目录的上层目录目前尚未建立，则会一并建立上层目录。

--help：显示帮助。

--version：显示版本信息。

（5）示例命令如下。

```
[root@localhost ~]# mkdir netdoc
[root@localhost ~]# ls
100.bash         gpgj                    ysc
101.bash         install.log             ysc007
20230906.txt     install.log.syslog      ysc77.bash
78.txt           netdoc                  ysc.bash
```

9. rmdir 命令

（1）功能说明：删除空白目录。

（2）命令格式如下。

```
rmdir 空白目录名
```

10. rm 命令

（1）功能说明：删除文件或目录。

（2）命令格式如下。

```
rm [-d|f|i|r|v][--help][--version][文件或目录]
```

（3）补充说明：执行 rm 命令可删除文件或目录。若想要删除目录，则必须加上参数"--r"，否则仅会删除文件。

（4）参数说明如下。

--d：直接把想要删除目录的硬连接数据设为 0，并删除目录。

--f：强制删除文件或目录。

--i：删除已有文件或目录之前先询问用户。

–r：递归处理，将指定目录下的所有文件及子目录一并处理。

–v：显示命令执行过程。

––help：在线帮助。

––version：显示版本信息。

11. tree 命令

（1）功能说明：读取标准输入的数据，并将其内容输出成文件。

（2）命令格式如下。

```
tree [-a|i][--help][--version][文件]
```

（3）补充说明：tree 命令会从标准输入设备上读取数据，然后将其内容输出到标准输出设备，同时保存成文件。

（4）参数说明如下。

–a：将数据附加到已有文件的后面。

–i：忽略中断信号。

––help：在线帮助。

––version：显示版本信息。

（5）示例命令如下。

```
[root@localhost ysc009]# tree -a
├──── 12.txt
└──── 13.txt
0 directories, 2 files
[root@localhost ysc009]#
```

12. mv 命令

（1）功能说明：移动文件或目录，或者为文件或目录重命名。

（2）命令格式如下。

```
mv [-b|f|i|u|v][--help][--version][-S<附加字尾>][-V<方法>][源文件或目录][目标文件或目录]
```

（3）补充说明：mv 命令可移动文件或目录，也可更改文件或目录的名称。

（4）参数说明如下。

–b：若需覆盖文件，则覆盖前先进行备份。

–f：若目标文件或目录与现有的文件或目录重复,则直接覆盖现有的文件或目录。

–i：覆盖前先询问用户。

–S<附加字尾>：与"–b"参数一并使用，可指定备份文件的所要附加的字尾。

–u：在移动或更改文件名时，若目标文件已存在，且其文件日期比源文件晚，则不覆盖目标文件。

–v：执行时显示详细的信息。

–V=<方法>：与"–b"参数一并使用，可指定备份的方法。

––help：显示帮助。

––version：显示版本信息。

（5）示例命令如下。

```
[root@localhost Desktop]# mv ysc ysc99
[root@localhost Desktop]# ls
2022-12-02.log  VMwareTools-10.3.22-15902021.tar.gz  ysc.txt
jdk-7u7-linux-i58632.tar.gz vmware-tools-distrib
link.txt ysc99
```

13. rpm 命令

（1）功能说明：管理套件。

（2）命令语法如下。

```
    rpm [-a|c|d|h|i|l|q|R|s|v][-b<完成阶段><套间档>+][-e<套件档>][-f<文件>+]
[-i<套件档>][-p<套件档>+][-U<套件档>][-vv][--addsign<套件档>+][--allfiles]
[--allmatches][--badreloc][--buildroot<根目录>][--changelog][--checksig<套
件档>+][--clean][--dbpath<数据库目录>][--dump][--excludedocs][--excludepath<
排除目录>][--force][--ftpproxy<主机名称或IP地址>][--ftpport<通信端口>][--help]
[--httpproxy<主机名称或IP地址>][--httpport<通信端口>][--ignorearch][--ignoresize]
[--includedocs][--initdb][--justdb][--nobulid][--nodeps][--nofiles][--no
gpg][--nomd5][--nopgp][--noorder][--noscripts][--notriggers][--oldpackag
e][--percent][--pipe<执行指令>][--prefix<目的目录>][--provides]
[--queryformat<档头格式>][--querytags][--rcfile<配置文件>][--rebulid<套件档>]
[--rebuliddb][--recompile<套件档>][--relocate<原目录>=<新目录>][--replacefiles]
[--replacepkgs][--requires][--resign<套件档>+][--rmsource][--rmsource<文
件>][--root<根目录>][--scripts][--setperms][--setugids][--short-circuit]
[--sign][--target=<安装平台>+][--test][--timecheck<检查秒数>][--triggeredby
<套件档>][--triggers][--verify][--version][--whatprovides<功能特性>]
[--whatrequires <功能特性>]
```

（3）参数说明如下。

–a：查询所有套件。

–b<完成阶段><套件档>+:设置包装套件的完成阶段,并指定套件档的文件名称。

–c：只列出组态配置文件。本参数需配合"–l"参数使用。

–d：只列出文本文件。本参数需配合"–l"参数使用。

–e<套件档>：删除指定的套件。

–f<文件>+：查询拥有指定文件的套件。

–h：套件安装时列出标记。

–i：显示套件的相关信息。

–i<套件档>：安装指定的套件档。

–l：显示套件的文件列表。

-p<套件档>+：查询指定的 RPM 套件档。

-q：使用询问模式，当遇到任何问题时，rpm 命令会先询问用户。

-R：显示套件的关联性信息。

-s：显示文件状态，本参数需配合"-l"参数使用。

-U<套件档>：升级指定的套件档。

-v：显示命令执行过程。

-vv：详细显示命令执行过程，便于排错。

-addsign<套件档>+：在指定的套件中加上新的签名认证。

--allfiles：安装所有文件。

--allmatches：删除符合指定的套件所包含的文件。

--badreloc：发生错误时，重新配置文件。

--buildroot<根目录>：设置产生套件时，应当作根目录的目录。

--changelog：显示套件的更改记录。

--checksig<套件档>+：检验该套件的签名认证。

--clean：完成套件的包装后，删除包装过程中所建立的目录。

--dbpath<数据库目录>：设置想要存放 RPM 数据库的目录。

--dump：显示每个文件的验证信息。本参数需配合"-l"参数使用。

--excludedocs：安装套件时，不安装文件。

--excludepath<排除目录>：忽略在指定目录里的所有文件。

--force：强行置换套件或文件。

--ftpproxy<主机名称或 IP 地址>：指定 FTP 代理服务器。

--ftpport<通信端口>：设置 FTP 服务器或代理服务器使用的通信端口。

--help：在线帮助。

--httpproxy<主机名称或 IP 地址>：指定 HTTP 代理服务器。

--httpport<通信端口>：设置 HTTP 服务器或代理服务器使用的通信端口。

--ignorearch：不验证套件档的结构正确性。

--ignoresize：安装前不检查磁盘空间是否足够。

--includedocs：安装套件时，一并安装文件。

--initdb：确认有正确的数据库可以使用。

--justdb：更新数据库，但不变动任何文件。

--nobulid：不执行任何完成阶段。

--nodeps：不验证套件档的相互关联性。

--nofiles：不验证文件的属性。

--nogpg：略过所有 GPG 的签名认证。

--nomd5：不使用 MD5 编码演算确认文件的大小与正确性。

--nopgp：略过所有 PGP 的签名认证。

--noorder：不重新编排套件的安装顺序，以便满足其彼此间的关联性。

--noscripts：不执行任何安装 Script 文件。

--notriggers：不执行该套件包装内的任何 Script 文件。

--oldpackage：升级成旧版本的套件。

--percent：安装套件时显示完成度百分比。

--pipe<执行指令>：建立管道，把输出结果转为该执行指令的输入数据。

--prefix<目的目录>：若重新配置文件，就把文件放到指定的目录下。

--provides：查询该套件所提供的兼容度。

--queryformat<档头格式>：设置档头的表示方式。

--querytags：列出可用于档头格式的标签。

--rcfile<配置文件>：使用指定的配置文件。

--rebulid<套件档>：安装原始代码套件，重新产生二进制文件的套件。

--rebuliddb：以现有的数据库为主，重建一份数据库。

--recompile<套件档>：此参数的效果和指定"--rebulid"参数类似，但不产生套件档。

--relocate<原目录>=<新目录>：把本来会放到原目录下的文件改放到新目录。

--replacefiles：强行置换文件。

--replacepkgs：强行置换套件。

--requires：查询该套件所需要的兼容度。

--resign<套件档>+：删除现有认证，重新产生签名认证。

--rmsource：完成套件的包装后，删除原始代码。

--rmsource<文件>：删除原始代码和指定的文件。

--root<根目录>：设置欲当作根目录的目录。

--scripts：列出安装套件的 Script 的变量。

--setperms：设置文件的权限。

--setugids：设置文件的拥有者和所属群组。

--short-circuit：直接略过指定完成阶段的步骤。

--sign：产生 PGP 或 GPG 的签名认证。

--target=<安装平台>+：设置产生的套件的安装平台。

--test：仅作测试，并非真正安装套件。

--timecheck<检查秒数>：设置检查时间的计时秒数。

--triggeredby<套件档>：查询该套件的包装者。

--triggers：展示套件档中的包装 Script。

--verify：此参数的效果和指定"-q"参数相同。

--version：显示版本信息。

--whatprovides<功能特性>：查询该套件对指定的功能特性所提供的兼容度。

--whatrequires<功能特性>：查询该套件对指定的功能特性所需要的兼容度。

（4）示例命令如下。

```
[root@localhost Desktop]# rpm -qa | grep telnet
[root@localhost Desktop]# rpm -ivh telnet-0.17-64.el7.x86_64.rpm
```

14. free 命令

（1）功能说明：显示内存使用情况。

（2）命令格式如下。

```
free [-b|k|m|o|t|V][-s<间隔秒数>]
```

（3）补充说明：free 命令会显示内存的使用情况，包括实体内存、虚拟的交换文件内存、共享内存区段、系统核心使用的缓冲区等。

（4）参数说明如下。

-b：以 Byte 为单位，显示内存使用情况。

-k：以 KB 为单位，显示内存使用情况。

-m：以 MB 为单位，显示内存使用情况。

-o：不显示缓冲区的调节列。

-s<间隔秒数>：持续观察内存的使用状况。

-t：显示内存总和列。

-V：显示版本信息。

（5）示例命令如下。

```
[root@localhost Desktop]# free
             total       used       free     shared    buffers     cached
Mem:       1004412     512004     492408          0      47644     189776
-/+ buffers/cache:      274584     729828
Swap:      2031608          0     2031608
```

15. du 命令

（1）功能说明：显示文件或目录已经使用的磁盘空间的总量。

（2）命令格式如下。

```
du[-a|b|c|D|h|H|k|l|m|s|S|x][-L<符号连接>][-X<文件>][--block-size]
[--exclude=<目录或文件>][--max-depth=<目录层数>][--help][--version][目录或文件]
```

（3）补充说明：du 命令会显示指定的目录或文件所占用的磁盘空间。

（4）参数说明如下。

-a：显示目录中指定文件的大小。

-b：显示目录或文件大小时，以 Byte 为单位。

–c：除了显示个别目录或文件的大小，同时还显示所有目录或文件的总和。

–D：显示指定符号连接的源文件大小。

–h：以 KB、GB、MB 为单位，提高信息的可读性。

–H：与–h 参数相同，但 KB、GB、MB 是以 1000 为换算单位。

–k：以 1024 Byte 为单位。

–l：重复计算硬连接的文件。

–L<符号连接>：显示选项中所指定符号连接的源文件大小。

–m：以 1MB 为单位。

–s：仅显示总计。

–S：显示个别目录的大小时，并不含其子目录的大小。

–x：以一开始处理时的文件系统为准，若遇上其他不同的文件系统目录，则直接忽略。

–X<文件>：指定目录或文件。

––block–size：使用指定字节数的块。

––exclude=<目录或文件>：忽略指定的目录或文件。

––max–depth=<目录层数>：超过指定层数的目录后，予以忽略。

––help：显示帮助。

––version：显示版本信息。

16．df 命令

（1）功能说明：显示文件系统磁盘空间的使用情况。

（2）命令格式如下。

```
df [-a|h|H|i|k|l|m|P|T][--block-size=<区块大小>][-t<文件系统类型>][-x
<文件系统类型>][--help][--no-sync][--sync][--version][文件或设备]
```

（3）补充说明：df 命令可用来显示磁盘的文件系统与使用情形。

（4）参数说明如下。

–a：包含全部的文件系统。

––block–size=<区块大小>：以指定的区块大小来显示区块数目。

–h：以可读性较高的方式来显示信息。

–H：与 "–h" 参数相同，但在计算时是以 1000 字节为换算单位，而非 1024 字节。

–i：显示 inode 的信息。

–k：指定区块大小为 1024 字节。

–l：仅显示本地端的文件系统。

–m：指定区块大小为 1048576 字节。

––no–sync：在取得磁盘使用信息前，不执行 sync 指令，此项参数为预设值。

–P：使用 POSIX 的输出格式。

--sync：在取得磁盘使用信息前，先执行 sync 指令。

-t<文件系统类型>：仅显示指定文件系统类型的磁盘信息。

-T：显示文件系统的类型。

-x<文件系统类型>：不要显示指定文件系统类型的磁盘信息。

--help：显示帮助。

--version：显示版本信息。

文件或设备：指定磁盘设备。

17．mount 命令

（1）功能说明：挂载分区。

（2）命令格式如下。

```
mount 设备 挂载点
```

（3）示例命令如下。

```
#mount /dev/cdrom /mnt/linux
```

18．ifconfig 命令

（1）功能说明：显示网络接口信息。

（2）命令格式如下。

```
ifconfig [网络设备][down|up|-allmulti|-arp|-promisc][add<地址>][del<
地址>][hw<网络设备类型><硬件地址>][io_addr<I/O地址>][irq<IRQ地址>][media<网络
媒介类型>][mem_start<内存地址>][metric<数目>][mtu<字节>][netmask<子网掩码>]
[tunnel<地址>][-broadcast<地址>][-pointopoint<地址>][IP地址]
```

（3）补充说明：ifconfig 命令可用来设置网络设备的状态，以及显示目前设置。

（4）参数说明。

add<地址>：设置网络设备 IPv6 的 IP 地址。

-allmulti：关闭或启动指定接口的无区别模式。

-arp：打开或关闭指定接口上使用的 ARP 协议。

del<地址>：删除网络设备 IPv6 的 IP 地址。

down：关闭指定的网络设备。

hw<网络设备类型><硬件地址>：设置网络设备的类型与硬件地址。

io_addr<I/O 地址>：设置网络设备的 I/O 地址。

irq<IRQ 地址>：设置网络设备的 IRQ（Interruput Request，中断请求）。

media<网络媒介类型>：设置网络设备的媒介类型。

mem_start<内存地址>：设置网络设备在主内存所占用的起始地址。

metric<数目>：指定在计算数据包的转送次数时所要加上的数目。

mtu<字节>：设置网络设备的 MTU（Maximum Transmission Uint，最大传输单元）。

netmask<子网掩码>：设置网络设备的子网掩码。

tunnel<地址>：建立 IPv4 与 IPv6 之间的隧道通信地址。

up：启动指定的网络设备。

–broadcast<地址>：将要送往指定地址的数据包当成广播数据包来处理。

–pointopoint<地址>：与指定地址的网络设备建立直接连线，此模式具有保密功能。

–promisc：关闭或启动指定网络设备的混杂模式（Promiscuous mode）。

IP 地址：指定网络设备的 IP 地址。

网络设备：指定网络设备的名称。

（5）示例命令如下。

```
[root@localhost Desktop]# route add default gw 192.168.186.254
[root@localhost Desktop]# route add -net 192.168.186.0/24 dev
eth3
```

19．route 命令

（1）功能说明：显示系统路由。

（2）命令格式如下。

```
route [add|del][-net|host] target [netmask][GW][dev]
```

（3）参数说明如下。

add：增加一条路由。

del：删除一条路由。

–net：目的地址是一个网络。

–host：目的地址是一个主机。

target：指定目的网络或主机。

netmask：目的地址的子网掩码。

Gw：路由数据包通过的网关。

dev：给路由指定网络接口，即特定网卡。

20．traceroute 命令

（1）功能说明：显示数据包到主机间的路径。

（2）命令格式如下。

```
traceroute [-d|F|l|n|r|v|x][-f<存活数值>][-g<网关>][-i<网络界面>][-m<存活数值>][-p<通信端口>][-s<来源地址>][-t<服务类型>][-w<超时秒数>][主机名称或IP地址][数据包大小]
```

（3）补充说明：traceroute 命令用于追踪网络数据包的路由途径，预设数据包大小是 40Bytes，用户可自行设置。

（4）参数说明如下。

–d：使用 Socket 层级的排错功能。

–f<存活数值>：设置第一个检测数据包的转发次数 TTL（跳数）的大小。

-F：设置勿离断位。

-g<网关>：设置来源路由网关，最多可设置 8 个。

-i<网络界面>：使用指定的网络界面送出数据包。

-l：使用 ICMP 回应取代 UDP 资料信息。

-m<存活数值>：设置检测数据包的最大转发次数 TTL（跳数）的大小。

-n：直接使用 IP 地址而非主机名称。

-p<通信端口>：设置 UDP 传输协议的通信端口。

-r：忽略普通的 Routing Table（路由选择表），直接将数据包传送到远端主机上。

-s<来源地址>：设置本地主机送出数据包的 IP 地址。

-t<服务类型>：设置检测数据包的 ToS（Type of Service，服务类型）数值。

-v：详细显示命令的执行过程。

-w<超时秒数>：设置等待远端主机回报的时间。

-x：开启或关闭数据包的正确性检验。

（5）示例命令如下。

```
[root@localhost ysc009]# traceroute   www.phei.com.cn
traceroute to www.phei.com.cn (218.249.32.140), 30 hops max, 60 byte
packets
    1  192.168.186.110 (192.168.186.110)  2.764 ms  2.770 ms  3.089 ms
    2  192.168.25.254 (192.168.25.254)  226.976 ms  226.907 ms  226.822
ms
    3  10.10.100.9 (10.10.100.9)  220.144 ms  220.915 ms  220.940 ms^C
```

21. telnet 命令

（1）功能说明：远端登录。

（2）命令格式如下。

```
telnet [-8|a|c|d|E|f|F|K|L|r|x][-b<主机别名>][-e<脱离字符>][-k<域
名>][-l<用户名称>][-n<记录文件>][-S<服务类型>][-X<认证形态>][主机名称或IP地址<通
信端口>]
```

（3）补充说明：执行 telnet 命令可开启终端阶段作业，并登录远端主机。

（4）参数说明如下。

-8：允许使用 8 位字符资料，包括输入与输出。

-a：尝试自动登录远端系统。

-b<主机别名>：使用别名指定远端主机名称。

-c：不读取用户专属目录里的 ".TELNETRC" 文件。

-d：启动排错模式。

-e<脱离字符>：设置脱离字符。

-E：滤除脱离字符。

-f：此参数的效果和指定 "-F" 参数相同。

-F：使用 Kerberos V5 认证时，加上此参数可把本地主机的认证数据上传到远端主机。

-k<域名>：使用 Kerberos V5 认证时，加上此参数让远端主机采用指定的领域名，而非该主机的域名。

-K：不自动登录远端主机。

-l<用户名称>：指定要登录远端主机的用户名称。

-L：允许输出 8 位字符资料。

-n<记录文件>：指定文件记录相关信息。

-r：使用类似远程登录 rlogin 命令的用户界面。

-S<服务类型>：设置 Telnet 连线所需的 IP TOS 信息。

-x：假设主机有支持数据加密的功能，就使用它。

-X<认证形态>：关闭指定的认证形态。

（5）示例命令如下。

```
[root@localhost ~]# telnet 192.168.200.65
Trying 192.168.200.65
```

22．chmod 命令

（1）功能说明：变更文件或目录的权限。

（2）命令格式如下。

```
chmod [-c|f|R|v][--help][--version][<权限范围>+/-/=<权限设置>][文件或目录]
    或
chmod [-c|f|R|v][--help][--version][数字代号][文件或目录]
    或
chmod [-c|f|R|v][--help][--reference=<参考文件或目录>][--version][文件或目录]
```

（3）补充说明：在麒麟服务器操作系统中，文件或目录权限的控制分别以读取、写入、执行 3 种一般权限来区分，另有 3 种特殊权限可供运用。用户可以使用 chmod 命令变更文件与目录的权限，设置方式可采用文字或数字代号。符号连接的权限无法变更，如果对符号连接修改权限，那么其改变会作用在被连接的原始文件。

权限范围的表示如下。

u：User，即文件或目录的拥有者。

g：Group，即文件或目录的所属群组。

o：Other，除了文件或目录拥有者或所属群组，其他用户都属于这个范围。

a：All，即全部的用户，包含拥有者、所属群组及其他用户。

有关权限代号的部分的表示如下。

r：读取权限，数字代号为"4"。

w：写入权限，数字代号为"2"。

x：执行或切换权限，数字代号为"1"。

–：不具任何权限，数字代号为"0"。

s：变更文件或目录的权限。

（4）参数说明如下。

–c：效果类似"–v"参数，但仅返回更改的部分。

–f：不显示错误信息。

–R：递归处理，将指定目录下的所有文件及子目录一并处理。

–v：显示命令执行过程。

––help：在线帮助。

––reference=<参考文件或目录>：把指定文件或目录的权限，全部设成与参考文件或目录相同的权限。

––version：显示版本信息。

（5）示例命令如下。

```
[root@localhost ~]# chmod 777 ysc.txt
[root@localhost ~]#
```

4.3 文本编辑器

　　Vi 是"Visual interface"的简称，是一个文本编辑程序而非字符排版程序，其最大的特点是能够在字符界面下运行，是远程登录并维护服务器必不可少的工具。因此，使用麒麟服务器操作系统时，必须熟练掌握 Vi 文本编辑器的使用方法。

　　Vi 是全屏幕文本编辑器，没有菜单，只有命令。Vi 文本编辑器有三种工作模式：编辑模式、插入模式和命令模式。

1. 编辑模式

　　在系统提示符后输入"Vi"和想要编辑的或想要建立的文件名，便可进入 Vi 文本编辑器。进入 Vi 文本编辑器后，首先进入的是编辑模式，进入编辑模式后，Vi 文本编辑器等待编辑命令输入而不是文本输入。也就是说，此时无法输入文本到文件中，输入的内容被认定为编辑命令。

　　示例命令如下。

```
# vi /etc/named.conf
```

Vi 文本编辑器编辑 "/etc/named.conf" 配置文件，如图 4-2 所示。

超级用户可编辑该 "/etc/named.conf" 配置文件的内容。当然，也只有超级用户有修改系统配置文件的权限，其他创建的普通用户未经授权，只能活动在自己的宿主目录里。假设存在一个普通用户 a，系统自动创建了它的宿主目录 "/home/a"，普通用户登录后，当前活动目录为 "/home/a"，普通用户 a 执行以下命令。

```
$ vi /home/a/a.txt
```

以上命令表明普通用户 a 创建一个 "/home/a/a.txt" 文本文件。

思考一个问题，如果是一个普通用户 a 在提示符 $ 下输入命令 "vi /etc/named.conf"，那么现在能进入 Vi 编文本辑器吗？会不会有其他提示信息？

```
1 银河麒麟V10  ×  +

//
// named.conf
//
// Provided by Red Hat bind package to configure the ISC BIND named(8) DNS
// server as a caching only nameserver (as a localhost DNS resolver only).
//
// See /usr/share/doc/bind*/sample/ for example named configuration files.
//

options {
        listen-on port 53 { 127.0.0.1; };
        listen-on-v6 port 53 { ::1; };
        directory       "/var/named";
        dump-file       "/var/named/data/cache_dump.db";
        statistics-file "/var/named/data/named_stats.txt";
        memstatistics-file "/var/named/data/named_mem_stats.txt";
        secroots-file   "/var/named/data/named.secroots";
        recursing-file  "/var/named/data/named.recursing";
        allow-query     { localhost; };

        /*
         - If you are building an AUTHORITATIVE DNS server, do NOT enable recursion.
         - If you are building a RECURSIVE (caching) DNS server, you need to enable
           recursion.
         - If your recursive DNS server has a public IP address, you MUST enable access
           control to limit queries to your legitimate users. Failing to do so will
           cause your server to become part of large scale DNS amplification
           attacks. Implementing BCP38 within your network would greatly
           reduce such attack surface
        */
        recursion yes;

        dnssec-enable yes;
        dnssec-validation yes;

        managed-keys-directory "/var/named/dynamic";

        pid-file "/run/named/named.pid";
        session-keyfile "/run/named/session.key";

"/etc/named.conf" 59L, 1705C
```

图 4-2　Vi 文本编辑器编辑 "/etc/named.conf" 配置文件

2. 插入模式

进入编辑模式后，光标停留在第一行首位，等待输入命令，此时可输入"i"，也就是 insert，即可进入插入模式，如图 4-3 所示。在插入模式下，用户输入的任何字符都会被当作文件内容保存。在文本输入的过程中，按 Esc 键可回到编辑模式。

```
// named.conf
//
// Provided by Red Hat bind package to configure the ISC BIND named(8) DNS
// server as a caching only nameserver (as a localhost DNS resolver only).
//
// See /usr/share/doc/bind*/sample/ for example named configuration files.
//

options {
        listen-on port 53 { 127.0.0.1; };
        listen-on-v6 port 53 { ::1; };
        directory       "/var/named";
        dump-file       "/var/named/data/cache_dump.db";
        statistics-file "/var/named/data/named_stats.txt";
        memstatistics-file "/var/named/data/named_mem_stats.txt";
        secroots-file   "/var/named/data/named.secroots";
        recursing-file  "/var/named/data/named.recursing";
        allow-query     { localhost; };

        /*
         - If you are building an AUTHORITATIVE DNS server, do NOT enable recursion.
         - If you are building a RECURSIVE (caching) DNS server, you need to enable
           recursion.
         - If your recursive DNS server has a public IP address, you MUST enable access
           control to limit queries to your legitimate users. Failing to do so will
           cause your server to become part of large scale DNS amplification
           attacks. Implementing BCP38 within your network would greatly
           reduce such attack surface
        */
        recursion yes;

        dnssec-enable yes;
        dnssec-validation yes;

        managed-keys-directory "/var/named/dynamic";

        pid-file "/run/named/named.pid";
        session-keyfile "/run/named/session.key";

-- INSERT --
```

图 4-3　插入模式

3. 命令模式

在编辑模式下，用户输入冒号（:）可进入命令模式，如图 4-4 所示。

```
:n  //直接输入要移动到的行号，即可实现跳行
:q  //退出
:wq  //保存退出
```

:q!   //不保存退出

```
① 1 银河麒麟V10        ×    +

// named.conf
//
// Provided by Red Hat bind package to configure the ISC BIND named(8) DNS
// server as a caching only nameserver (as a localhost DNS resolver only).
//
// See /usr/share/doc/bind*/sample/ for example named configuration files.
//

options {
        listen-on port 53 { 127.0.0.1; };
        listen-on-v6 port 53 { ::1; };
        directory        "/var/named";
        dump-file        "/var/named/data/cache_dump.db";
        statistics-file "/var/named/data/named_stats.txt";
        memstatistics-file "/var/named/data/named_mem_stats.txt";
        secroots-file    "/var/named/data/named.secroots";
        recursing-file  "/var/named/data/named.recursing";
        allow-query      { localhost; };

        /*
        - If you are building an AUTHORITATIVE DNS server, do NOT enable recursion.
        - If you are building a RECURSIVE (caching) DNS server, you need to enable
          recursion.
        - If your recursive DNS server has a public IP address, you MUST enable access
          control to limit queries to your legitimate users. Failing to do so will
          cause your server to become part of large scale DNS amplification
          attacks. Implementing BCP38 within your network would greatly
          reduce such attack surface
        */
        recursion yes;

        dnssec-enable yes;
        dnssec-validation yes;

        managed-keys-directory "/var/named/dynamic";

        pid-file "/run/named/named.pid";
        session-keyfile "/run/named/session.key";

        /* https://fedoraproject.org/wiki/Changes/CryptoPolicy */
:wq
```

图 4-4　命令模式

　　举例说明：一个普通用户 a 要在自己的宿主目录里创建一个 "a.txt" 文本文件，下面给出完整的操作过程。

　　第一步：普通用户 a 登录麒麟服务器操作系统，可以是远程登录，也可以是本地登录，在桌面空白处上单击鼠标右键，在弹出的快捷菜单中单击 "新建终端" 选项，在提示符$后输入 "vi /home/a/a.txt"；第二步：输入 i，进入插入模式，此时可以编辑文件内容，输入的字符均为文件内容；第三步：按 Esc 键，返回到编辑模式，输入 ":wq" 保存并退出，可以用 "$cat /home/a/a.txt" 完整地看到刚才创建的文件内容。

章节检测

1. Vi 文本编辑器的三种工作模式分别是什么？

2. 如何在远程登录模式中使用 Vi 文本编辑器？

3. 如果要对远程服务器进行维护，需要用到哪些命令？

4. 如何获得命令帮助？有哪些具体的方法？请举例说明。

5. 普通用户 a 要对普通用户 b 的"/home/b.txt"文件可读可写，请给出实现过程。

第 **5** 章

用户与工作组管理

> **知识目标**
>
> （1）了解 Linux 系统用户的基本概念。
>
> （2）了解 Linux 工作组的基本概念。
>
> （3）了解 Linux 用户权限的基本概念。
>
> （4）了解磁盘限额的基本概念。

> **能力目标**
>
> （1）掌握 Linux 系统用户的创建方法。
>
> （2）掌握 Linux 工作组的创建方法。
>
> （3）掌握 Linux 用户权限的管理方法。
>
> （4）掌握磁盘限额的配置方法。

> **素养目标**
>
> 强调诚信原则和社会公德，培养学生的社会责任感，树立法律意识、规则意识。

5.1 用户管理

一、基本知识

麒麟服务器操作系统是一个多用户操作系统，尽管系统中可以有多个用户，但默认情况下只能有一个超级用户，即 root 用户。超级用户负责创建和管理其他普通用户，以及分配和调整普通用户的账号、密码、权限等，这些任务构成了超级用户（系统管理员）的核心职责。

用户的相关信息保存在"/etc"目录下的"passwd"或"shadow"文件中，这两个文件定义了所有用户应该具有的属性信息，具体包括如下内容。

（1）用户名：在系统中使用用户名来标识用户，习惯上一般用小写字母来表示用户名，要做到见名知意，最常见的是以用户名字的缩写来表示用户名。

（2）用户标识：表示用户的一个 ID 号。

（3）密码：用来验证用户的合法性。超级用户和普通用户都可以用 passwd 命令来修改自己的密码。使用"/etc/shadow"文件作为真正的密码文件，这个文件只能由超级用户读取，用它来保存密码信息。

（4）命令解释程序：用户登录后，启动该程序来接收用户输入的命令，并解释执行。

（5）个人目录：每个用户在"/home"目录下均有自己独立的使用空间，比如创建了一个普通用户 a，就会自动生成"/home/a"目录，这里称"/home/a"是用户 a 的宿主目录。原则上，用户自己的文件都被放置在各自的目录下，互不干扰，默认的配置中都会使用用户名来作为个人目录的名称。另外，普通用户未经授权也只能在自己的宿主目录中活动。

二、创建用户账户

首先，只有超级用户 root 才能创建用户账户，其次，用户账户创建一般有两种方式：一种是通过图形化界面工具创建用户账户，另一种是通过命令方式创建用户账户。

通过 useradd 命令创建用户账户。

（1）命令格式如下。

```
    useradd [-m|M|n|r][-c<备注>][-d<登录目录>][-e<有效期限>][-f<缓冲天数>]
[-g<工作组>][-G<工作组>][-s<shell>][-u<uid>][用户账户]
    或
    useradd -D [-b][-e<有效期限>][-f<缓冲天数>][-g<工作组>][-G<工作组>][-s
<shell>]
```

（2）补充说明：useradd 命令用来创建用户账户。用户账户创建后，再用 passwd 命令设定用户账户的密码，可用 userdel 命令删除用户账户。使用 useradd 命令所建立的用户账户，实际上是保存在"/etc/passwd"文本文件中。

（3）参数说明如下。

-c<备注>：加上备注文字。备注文字会保存在 passwd 的备注栏中。

-d<登录目录>：指定用户登录时的起始目录。

-D：变更预设值。

-e<有效期限>：指定用户账户的有效期限。

-f<缓冲天数>：指定在密码过期多少天后关闭该用户账户。

-g<工作组>：指定用户账户所属的工作组。

-G<工作组>：指定用户账户所属的附加工作组。

-m：自动建立用户账户的登录目录。

-M：不能自动建立用户账户的登录目录。

-n：取消建立以用户账户名称为名的工作组。

-r：建立系统用户账户。

-s<shell>：指定用户登录后所使用的 Shell。

-u<uid>：指定用户账户的 ID。

示例命令如下。

```
    #useradd osgxq     //超级用户创建用户账户osgxq
    #passwd osgxq      //给用户账户osgxq设置密码
```

"useradd osgxq"命令没有使用参数，默认创建与用户账户同名的工作组，即工作组 osgxq，然后在该工作组中创建了用户账户 osgxq。用户账户 osgxq 初始登录后只能活动在它的宿主目录"/home/osgxq"。"passwd osgxq"命令会提示输入要设置的密码，要求输入两次，输入密码时没有任何显示，输入完密码后按 Enter 键即可。用户可以使用以下命令来查看新建的用户账户，以及其所在工作组的信息。

```
    #vi /etc/passwd
```

查看新建的用户账户信息如图 5-1 所示，查看用户账户所在工作组信息如图 5-2 所示。

```
systemd-timesync:x:982:996:systemd Time Synchronization:/:/usr/sbin/nologin
systemd-coredump:x:981:997:systemd Core Dumper:/:/usr/sbin/nologin
ldap:x:55:55:OpenLDAP server:/var/lib/ldap:/sbin/nologin
radvd:x:75:75:radvd user:/:/sbin/nologin
qemu:x:107:107:qemu user:/:/sbin/nologin
named:x:25:25:Named:/var/named:/sbin/nologin
setroubleshoot:x:980:978::/var/lib/setroubleshoot:/sbin/nologin
chrony:x:979:977::/var/lib/chrony:/sbin/nologin
abrt:x:173:173::/etc/abrt:/sbin/nologin
dhcpd:x:177:177:DHCP server:/:/sbin/nologin
mysql:x:27:27:MySQL Server:/var/lib/mysql:/sbin/nologin
rpcuser:x:29:29:RPC Service User:/var/lib/nfs:/sbin/nologin
pulse:x:171:171:PulseAudio System Daemon:/var/run/pulse:/sbin/nologin
gluster:x:978:974:GlusterFS daemons:/run/gluster:/sbin/nologin
ntp:x:38:38::/etc/ntp:/sbin/nologin
pegasus:x:66:65:tog-pegasus OpenPegasus WBEM/CIM services:/var/lib/Pegasus:/sbin/nologin
tomcat:x:91:91:Apache Tomcat:/usr/share/tomcat:/sbin/nologin
pesign:x:977:972:Group for the pesign signing daemon:/var/run/pesign:/sbin/nologin
postfix:x:89:89::/var/spool/postfix:/sbin/nologin
tcpdump:x:72:72::/:/sbin/nologin
tss:x:59:59:tss user for tpm2:/:/usr/sbin/nologin
libvirtdbus:x:976:969:Libvirt D-Bus bridge:/:/sbin/nologin
Kylin:x:1000:1000::/home/kylin:/bin/bash
osgxq:x:1001:1001::/home/osgxq:/bin/bash
```

图 5-1 查看新建的用户账户信息

```
[root@kylin ~]# groups osgxq
osgxq : osgxq
```

图 5-2 查看用户账户所在工作组信息

三、用户登录

麒麟服务器操作系统的登录者必须是系统允许登录的已注册用户，系统支持多用户同时登录，共同使用服务器资源。系统登录方式有两种：一种是通过网络进行远程登录；另一种是通过服务器在本地为每个用户开设独立的命令窗口（也称独立终端），用户通过分配的命令窗口进行登录。

5.2 工作组管理

一、基本知识

由于麒麟服务器操作系统是多用户操作系统，也就是说，多个用户可以同时登录在同一台服务器上，共享服务器的软件和硬件资源。为了方便系统管理，需要将目的或性质相同的用户归入同一个群体，这个群体称为工作组。

通过将用户归类到特定的工作组，组内用户会自动获得系统为该工作组赋予的权限。这种将用户归类到工作组的方式具有以下好处。

（1）避免手动逐个调整用户的权限，只需要统一调整工作组权限即可。

（2）将管理系统的任务划分到工作组内的所有用户，而不是逐个指定特定的系统管理员，增加了系统管理的灵活性。

（3）同组用户可以实现资源文件的共享，能够使用同组用户的文件和资源，对于异组用户，需要设置一定的权限才能获得资源的使用。

二、创建工作组

只有超级用户 root 才能创建工作组。创建工作组一般有两种方式：一种是通过图形化界面工具创建工作组；另一种是通过命令创建工作组，命令格式为"groupadd 选项 工作组名称"，具体示例如下。

```
#groupadd mylinux    //创建一个名称为mylinux的工作组
#useradd -G mylinux gxq //在工作组mylinux中，添加一个新用户账户gxq
#groupdel mylinux   //删除工作组mylinux
```

查看工作组信息的命令如下。

```
#vi group
```

查看工作组信息的结果如图 5-3 所示。

```
pesign:x:972:
postdrop:x:90:
postfix:x:89:
tcpdump:x:72:
wireshark:x:971:
usbmon:x:970:
libvirtdbus:x:969:
kylin:x:1000:
osgxq:x:1001:
mylinux:x:1002:
```

图 5-3 查看工作组信息的结果

1.usermod 命令

（1）功能说明：修改已经存在的用户所在的工作组。

（2）命令格式如下。

```
usermod [-L|U][-c<备注>][-d<登录目录>][-e<有效期限>][-f<缓冲天数>][-g<工作组>][-G<工作组>][-l<账户名称>][-s<shell>][-u<uid>][用户账户]
```

（3）补充说明：usermod 命令可用来修改用户账户的各项设定。

（4）参数说明如下。

-c<备注>：修改用户账户的备注文字。

–d<登录目录>：修改用户账户登录时的目录。

–e<有效期限>：修改用户账户的有效期限。

–f<缓冲天数>：修改在密码过期多少天后关闭该用户账户。

–g<工作组>：修改用户账户所属的工作组。

–G<工作组>：修改用户账户所属的附加工作组。

–l<账号名称>：修改用户账户名称。

–L：锁定用户密码，使密码无效。

–s<shell>：修改用户账户登录后所使用的 Shell。

–u<uid>：修改用户账户 ID。

–U：解除密码锁定。

（5）示例命令如下。

```
#useradd  aaa
#usermod  -G  mylinux  aaa  //把用户账户aaa加入工作组mylinux中
```

2. groupmod 命令

（1）功能说明：更改工作组识别码或名称。

（2）命令格式如下。

```
groupmod [-g<工作组识别码> <-o>][-n<新工作组名称>][工作组名称]
```

说明：需要更改工作组的识别码或名称时，可用 groupmod 命令来完成这项工作。

（3）参数说明如下。

–g <工作组识别码>：设置想要使用的工作组识别码。

–o：重复使用群组识别码。

–n <新工作组名称>：设置想要使用的工作组名称。

5.3 用户的权限管理

麒麟服务器操作系统是一个多用户的操作系统，允许多个用户同时登录服务器并共享资源，文件系统根据用户 ID 对不同用户的操作权限做了严格的限制，受到权限制约。例如，一个普通用户 a 登录麒麟服务器操作系统后只能活动在"/home/a"目录中，即只能对用户本身创建的目录或文件进行操作，未经授权，切换到其他用户的工作目录都会收到拒绝的提示信息。

1. 用户与权限

麒麟服务器操作系统将用户分为 4 类：超级用户、文件或目录的属主（创建者）、属主的同组人员、其他人员。因为超级用户拥有最高权限，因此讨论用户与权限时，通常指其他 3 种用户对文件或目录的访问权限。此处的权限一般情况下称为 3 种基本权限。3 种基本权限见表 5–1。

表 5-1　3 种基本权限

代表字符	权限	对文件的含义	对目录的含义
r	读权限	打开读取文件	列目录中的文件
w	写权限	打开修改文件	创建、删除
x	可执行权限	可执行	可用 cd 命令进入

2. 文件或目录的权限

麒麟服务器操作系统为 3 类用户分配 3 种基本权限后，就产生了文件或目录的 9 个基本权限位。可以使用带有 "–l" 的参数的 ls 命令来查看文件或目录的权限。

例如，查看 "/home" 目录下文件或目录的权限，命令如下。

```
#cd /home
#ls -l
```

这两条命令执行后即可看到文件或目录的权限。下面给出 3 种用户 3 种权限的 9 个基本权限位的矩阵示意表，见表 5–2。

表 5-2　3 种用户 3 种权限的 9 个基本权限位的矩阵示意表

文件或目录	属主用户			同组用户			其他用户		
	r	w	x	r	w	x	r	w	x
文件 a1	1	1	0	1	0	0	0	0	0
文件 a2	1	1	0	1	0	0	1	0	0
文件 a3	1	1	1	1	1	0	1	0	0
文件 a4	1	1	1	1	1	1	1	1	1
文件 a5	1	1	1	1	1	0	1	1	0

表中的 r、w、x 分别代表读、写、执行 3 种权限，其中的 1 代表具有列表头的某种权限，0 代表不具备列表头的某种权限。

文件 a1 的权限二进制码为（110 100 000），高三位的 110 对应 6，中三位 100 对应 4，低三位 000 对应 0，那么文件 a1 的权限八进制码为 640。

文件 a2 的权限二进制码为（110 100 100），高三位的 110 对应 6，中三位 100 对应 4，低三位 100 对应 4，那么文件 a2 的权限八进制码是 644。同样的道理，644 中的每位数字换成二进制也可以得到二进制的权限码，高位的 6 对应 110，中间位的 4 对应 100，低位的 4 对应 100。

文件 a3 的权限二进制码为（111 110 100），高三位的 111 对应 7，中三位 110 对应 6，低三位 100 对应 4，那么文件 a1 的权限八进制码是 764。

文件 a4 的权限二进制码是（111 111 111），高三位的 111 对应 7，中三位 111 对应 7，低三位 111 对应 7，那么文件 a4 的权限八进制码是 777。

文件 a5 的权限二进制码是（111 110 110），高三位的 111 对应 7，中三位 110 对应 6，低三位 110 对应 6，那么文件 a5 的权限八进制码是 766。

权限字符串的含义见表 5–3。

表 5-3　权限字符串的含义

字符串	数值	含义
-rw-------	600	字符串以-打头，说明是文件的权限，只有超级用户才有读和写入的权限
-rwxrwxrwx	777	每个用户都可进行读、写、执行
drwxr-xr-x	755	d 打头的字符串是目录，超级用户有所有权限，其他用户可读可执行
-rw-r--r--	644	超级用户可读可写，同组用户可读，其他用户可读
drwx------	700	只有超级用户可在目录中读取、写入

3．更改操作权限

更改操作权限有两种设置方法，第一种是文字设定法，第二种是数值设定法。首先给出 chmod 命令的格式，然后举例说明。

（1）命令格式如下。

```
chmod [-c|f|R|v][--help][--version][<权限范围>+/-/=<权限设置>][文件或目录]
或
chmod [-c|f|R|v][--help][--version][数字代号][文件或目录]
或
chmod[-c|f|R|v][--help][--reference=<参考文件或目录>][--version][文件或目录]
```

（2）补充说明：在 UNIX 系统中，文件或目录权限的控制分别通过读取、写入、执行 3 种一般权限来区分。用户可使用 chmod 命令来变更用户创建的文件与目录的权限，设置方式可采用文字或数字代号。符号连接权限无法变更，如果修改符号连接权限，其改变会作用在被连接的原始文件。

（3）权限范围说明如下。

u：User，即文件或目录的拥有者。

g：Group，即文件或目录的所属工作组。

o：Other，除了文件或目录拥有者或所属工作组，其他用户都属于这个范围。

a：All，即全部的用户，包含拥有者、所属工作组和其他用户。

（4）数字代号说明如下。

r：读取权限，数字代号为"4"。

w：写入权限，数字代号为"2"。

x：执行或切换权限，数字代号为"1"。

–：不设任何权限，数字代号为"0"。

s：变更文件或目录的权限。

（5）参数说明如下。

–c：效果类似"–v"参数，但仅返回更改的部分。

–f：不显示错误信息。

–R：递归处理，将指定目录下的所有文件及子目录一并处理。

–v：显示命令执行过程。

––help：在线帮助。

––reference=<参考文件或目录>：将指定文件或目录的权限，全部设成与参考文件或目录相同的权限。

––version：显示版本信息。

<权限范围>+<权限设置>：开启权限范围的文件或目录的该项权限设置。

<权限范围>–<权限设置>：关闭权限范围的文件或目录的该项权限设置。

<权限范围>=<权限设置>：指定权限范围的文件或目录的该项权限设置。

假设用户 b 的属主目录下有文件"/home/b/b.txt"，示例命令如下。

```
#chmod  g+w /home/b/b.txt  //超级用户为"/home/b/b.txt"文件增加工作组
用户的写权限。
    $ chmod  g-w  /home/b/b.txt  //用户b为自己的文件去除工作组用户的写权限。
```

用户选项说明：u 表示属主；g 表示工作组用户；o 表示其他用户；a 表示所有用户。

如果用数值设定法，那么上述的两条命令可改为如下形式。

```
#chmod  664  /home/b/b.txt
$chmod  664  /home/b/b.txt
```

4. 更改文件或目录的属主

（1）chown 命令。

（2）功能说明：变更文件或目录的拥有者或所属工作组。

（3）命令格式如下。

```
chown [-c|f|h|R|v][--dereference][--help][--version][拥有者.<所属工
作组>][文件或目录]
    或
    chown [-chfRv][--dereference][--help][--version][拥有者.所属工作组]
[文件或目录]
    或
    chown [-c|f|h|R|v][--dereference][--help][--reference=<参考文件或目
录>][--version][文件或目录]
```

（4）补充说明：在麒麟服务器操作系统中，文件或目录的权限是通过拥有者及所属工作组来管理的。用户可以使用 chown 命令变更文件与目录的拥有者或所属工作组，设置拥有者可采用用户名称或用户识别码，设置工作组可采用工作组名称或工作组识别码。

（5）参数说明如下。

–c：效果类似"–v"参数，但仅回报更改的部分。

–f：不显示错误信息。

–h：只对符号连接的文件进行修改，而不更动其他任何相关文件。

–R：递归处理，将指定目录下的所有文件及子目录一并处理。

–v：显示命令的执行过程。

––dereference：效果和"–h"参数相同。

––help：在线帮助。

––reference=<参考文件或目录>：把指定文件或目录的拥有者与所属工作组全部设成与参考文件或目录相同的拥有者与所属工作组。

––version：显示版本信息。

5.4 磁盘限额管理

超级用户需要限制每个普通用户的磁盘使用空间，这样做的好处是可以将整个硬盘资源合理进行划分，而不会出现某些个别用户占用过多硬盘空间的情况。限制用户磁盘使用空间的方法是给用户分配磁盘限额，用户只能使用额定的磁盘空间。磁盘限额可以通过以下两个方面来限制：（1）用户所能支配的索引节点数 inode，本质上是对文件数目的限制；（2）用户可以使用的硬盘空间容量（以 KB 为单位）。

假设已经存在一个用户 q，存在独立的分区"/home"，可通过该独立分区"/home"来实现限额功能。也就是说，限额功能必须是针对每个独立分区或独立的文件系统来进行配置的。下面以独立分区 "/home" 为例来说明限额的配置过程。

①修改"/etc/fstab"文件，加入相关的参数，添加 usrquota 用户限额或 grpquota 组限额，在"/etc/fstab"文件中找到"LABEL=/home /home ext3 defaults"，在 defaults 的后面加入一个逗号（,）和"usrquota"，保存文件后重启系统。

②输入以下命令语句来生成磁盘配额文件。

```
#quotacheck –cvumfg /dev/sda5    //生成磁盘配额文件
```

③通过"edquota q（用户名）"编辑用户配额空间，此时会自动调用 Vi 文本编辑器来编辑 quota 设置。

```
Disk quota for user q:
Filesystem    blocks    soft      hard      inodes    soft      hard
/dev/sda5     16        0         0         5         0         0
```

④修改上述两行命令。

```
Filesystem    blocks    soft      hard      inodes    soft      hard
/dev/sda5     16        6000      6000      5         10        10
```

⑤上述命令设置小于 6MB 的文件数量不超过 10 个，修改完成后保存并退出即可。

```
#quotaon /dev/sda5    //打开配额功能
```

⑥远程登录或本地登录服务器，即可看到限额功能。

⑦检查用户的磁盘使用情况，命令如下。

```
#quota q
#repquota /dev/sda5    //查看配额报告
```

-------------------- ✏ 章节检测 --------------------

1. 用户的基本权限有哪些？

2. 磁盘限额有哪两个方面的限制？

3. 普通用户的宿主目录是什么？ 一个普通用户要访问其他用户的目录，应该如何操作？

4. 假设服务器中已经存在了一个用户账户 a，现在要创建一个与用户账户 a 同工作组的用户账户 b，应该如何操作？

第 **6** 章

系统安全管理

➢ 知识目标

（1）了解系统安全的基本概念。

（2）了解系统安全管理的目标。

➢ 能力目标

掌握麒麟服务器操作系统的系统备份方法。

➢ 素养目标

培养学生遵守法律和职业道德，形成良好的职业素养，弘扬工匠精神。

6.1 系统安全要素概述

　　一般来说，操作系统在设计时是围绕硬件层、内核层、系统服务层、系统调用层、用户应用层进行展开的，每层都有相应的安全隐忧。麒麟服务器操作系统的安全要素主要包括内核访问安全、系统服务安全和应用程序安全等。对于系统管理员来讲，这些安全要素集中体现在口令安全、有效访问安全，以及相应的文件数据安全等。

6.2 安全管理的目标

　　（1）防止非法操作。计算机安全最重要的目标是防止不被允许使用系统的用户进入系统，或者没有合法权限的用户进行越权操作。用户和网络活动的周期检查是防止未经授权存取的关键所在，该检查主要依赖于系统日志。

　　（2）正确管理用户。这个方面的安全管理主要由操作系统完成。一个系统不应该被一个有意试图使用过多资源的用户破坏，系统管理员可使用系统状态监视命令（如df、du 和 ps）来监测使用过多资源的用户或进程。

　　（3）数据保护。防止未经授权的用户非法访问。

　　（4）保证系统的完整性。

　　（5）具备可记账性，拥有完整的操作日志。

　　（6）系统保护。

　　（7）系统备份与还原。

6.3 麒麟服务器操作系统的安全管理及备份

麒麟软件有限公司在各行业大规模使用麒麟服务器操作系统的基础上不断修正，积累了丰富的安全漏洞处理经验，拥有强大的开源代码分析和自研能力。无论是内核服务还是核外服务，麒麟服务器操作系统都有很强的安全处理能力。麒麟服务器操作系统拥有独创的主动防御技术，为用户提供了全方位的安全防护体系。

（1）麒麟服务器操作系统采用了 kysec 技术，能够主动防御非法外来的软件代码。

（2）麒麟服务器操作系统采用了私有数据隔离保护技术，这项技术使得包括系统管理员在内的任何用户都不能进行非授权访问。

（3）麒麟服务器操作系统支持 SM 系列保密算法；支持自主可信计算规范 TPCM 等。

麒麟服务器操作系统经过了安全可控评估，自研安全技术和能力得到了行业的认可。

麒麟服务器操作系统经过了包括国测中心等组织的自主安全可控评估，独创的 kysec、私有数据隔离保护等安全技术通过了评估专家组的高度认可。麒麟服务器操作系统的安全体系也在不断地持续发展和完善，麒麟服务器操作系统除了集成低版本麒麟服务器操作系统的安全机制，还在安全易用性方面进行了改进和完善。

1. 安全分层技术设计

麒麟服务器操作系统可配置系统防火墙，为用户的应用系统提供安全的运行环境。麒麟服务器操作系统是较为安全的操作系统之一，通过相关技术及策略上的多种方式，保证了用户系统的安全，主要体现在以下几个方面。

（1）硬件层面。麒麟服务器操作系统基于自主可控的硬件平台而研发，可部署在飞腾、鲲鹏、龙芯等国产 CPU 平台，硬件层启动安全有充分保证。

（2）系统内核层面。麒麟服务器操作系统有自主可控的驱动技术和文件系统保护技术，能够很好实现数据加密与保护功能。此外，麒麟软件有限公司专门设计了 kysec 安全框架来实现进程的访问保护机制，分级分层实现了进程的访问控制权限。

（3）内核外围的服务层面。麒麟服务器操作系统实现了用户身份安全保护、账户身份的生物识别认证和内核访问的授权认证，进而做到了应用安全的防护。

（4）应用层安全层面。麒麟服务器操作系统实现了分级分层的用户数据分割保护及加密，自带病毒防护和防火墙软件功能，以及附加了强制控制策略的接口，特有的 kysec 技术可以保护应用程序安全。

2. 支持多策略融合的访问控制机制

麒麟服务器操作系统构建了基于内核与应用一体化的安全体系，应用了支持多安全机制同时挂载的访问控制框架，支持安全策略模块化，提供多种访问控制策略的统一平台。麒麟服务器操作系统针对 Linux 操作系统现有的 LSM 访问控制框架进行了扩展改造，实现了支持多安全机制同时挂载的内核统一访问控制框架，提高了 LSM 的控制维度，可以从多安全策略联合控制角度来提供多套强制访问控制策略并行实施控制。

3. 内核安全执行控制

麒麟服务器操作系统基于标记的软件执行控制机制，实现了对系统应用程序标记识别和执行约束，确保了应用来源的可靠性和应用本身的完整性，并执行控制机制，控制文件执行、模块加载和共享库使用，具体分为系统文件和第三方应用程序。其中，只允许具有合法标记的文件执行，任何网络下载、复制等外来软件均被禁止执行。

麒麟服务器操作系统提供了图形化安全管理工具，实现了对 kysec 安全机制的设置和管理，包含安全机制模块设置，以及受保护文件的增加、修改、删除等管理功能。kysec 有三种模式。

（1）强制模式：出现违规操作时，系统不仅会审计记录该操作，还会阻止该操作的运行。

（2）警告模式：出现违规操作时，系统会弹出麒麟安全授权认证对话框进行授权。

（3）软模式：出现违规操作时，系统只会审计记录该操作，而不会阻止该操作的运行。

麒麟服务器操作系统通过上述三种模式对系统安全实施保护，即执行控制、文件保护、内核模块保护，其提供的图形化安全管理工具的界面如图 6-1 所示。

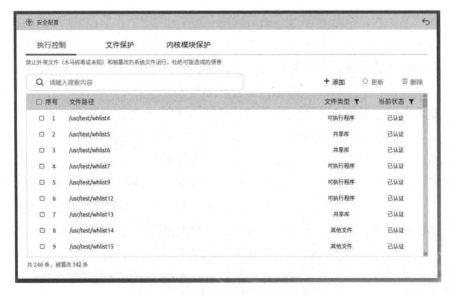

图 6-1　图形化安全管理工具的界面

4. 麒麟动态防火墙

动态防火墙服务提供了比传统防火墙更加灵活的 IPv4、IPv6 管理，以及网桥规则设置。管理员在遇到网络攻击威胁时，该防火墙可以更快速地响应，无须重启防火墙，避免服务中断，除动态配置之外，动态防火墙支持丰富的规则定义，简化了防火墙的配置，包含了近50种预定义的设置，能够满足用户的常见需求。

5. 麒麟服务器操作系统的结构化日志

在麒麟服务器操作系统中，日志文件以结构化的形式存储，这使得自动日志分析工具能够更加高效对其进行分析。值得一提的是，默认的日志文件结构保持不变，这意味着现有的工具仍然可以继续使用，无须进行任何修改。为了确保麒麟服务器操作系统的安全性，及时分析日志文件显得至关重要。因此，用户需要养成良好的习惯，定期保存、分析并总结日志文件，以便及时发现并解决潜在的问题。

6. 数据安全管理

麒麟服务器操作系统为用户提供了私有数据保护、分区数据加密和关键文件只读保护的功能，还提供数据安全管理功能，集成了麒麟备份还原工具，支持系统备份、数据备份等功能。

（1）基于内核的文件系统层，研制对文件的数据隔离、数据加密和数据防护的安全功能。

（2）仅与文件系统和上层应用权限管控相关，与硬件平台无关。

（3）可实现对系统管理员的数据隔离，支持加密存储，具有机密性防护能力。数据的隔离保护设置如图 6-2 所示。

图 6-2　数据的隔离保护设置

7. 系统备份

如图 6-3 所示为麒麟备份还原工具，"系统备份"包括"高级系统备份"和"全盘系统备份"。"高级系统备份"包括"新建系统备份"和"系统增量备份"。若用户想进行备份，可利用该工具，按照提示进行操作即可。

图 6-3　麒麟备份还原工具

8. 系统还原

如图 6-4 所示为创建 Ghost 镜像文件的界面。创建 Ghost 镜像文件可利用麒麟备份还原工具，按照提示进行操作即可。

图 6-4　创建 Ghost 镜像文件的界面

安装 Ghost 镜像的方法如下。

（1）将制作好的 Ghost 镜像文件（位于"/ghost"目录下）复制到 U 盘等可移动存储设备中。

（2）进入 LiveCD 系统后，接入可移动设备。若设备没有自动挂载，则可通过终端手动将设备挂载到"/mnt"目录下，命令如下。

```
sudo mount /dev/sdb1 /mnt
```

通常情况下，移动设备为"/dev/sdb1"，可使用"fdisk –l"命令查看。

（3）双击"安装 Kylin-Desktop-V10（SP1）"图标，开始进行安装引导。在"安装方式"界面中选中"从 Ghost 镜像安装"选项，并找到移动设备中的 Ghost 镜像文件。需要注意的是，如果制作镜像文件时带有数据盘，那么在下一步"安装类型"界面中需要勾选"创建数据盘"复选框。

备份还原工具用于对系统文件和用户数据进行备份，或者在某次备份的基础上再次进行备份。该工具支持将操作系统还原到某次备份时的状态，或者在保留某些数据的情况下进行部分还原。备份还原工具通过多种备份还原机制为用户提供了安全可靠的系统备份和恢复措施，降低了操作系统崩溃和数据丢失的风险。系统分区结构见表 6-1，可被划分为根分区、数据分区、备份还原分区、其他分区。

表 6-1 系统分区结构

根分区	数据分区	备份还原分区				其他分区
		备份 1	备份 2	……	备份 n	
硬盘						

9. 注意事项

（1）备份还原工具仅限系统管理员使用。

（2）备份时，根分区、其他分区的数据被保存到备份还原分区。

（3）还原时，保存在备份还原分区的数据恢复到对应分区。

（4）数据分区保存的内容与系统关系不大，且通常容量很大，因此不建议对数据分区进行备份和还原。

（5）备份还原分区用于保存和恢复其他分区的数据，故此分区的数据不允许备份或还原。

（6）在安装麒麟服务器操作系统时，需要选中"安装目标位置"界面"存储配置"选区中的"自动"单选按钮，才可以使用备份还原功能，且磁盘大小不能小于 100GB。

--------------------  章节检测 --------------------

1. 简述麒麟服务器操作系统访问控制的实现过程。
2. 简述系统备份的操作要点。
3. 简述系统还原的过程。

第 **7** 章

虚拟化技术

➤ 知识目标

（1）了解虚拟化技术的基本概念。

（2）了解虚拟化技术的优势。

（3）了解虚拟化技术的企业应用场景。

➤ 能力目标

（1）掌握在麒麟服务器操作系统下创建虚拟机的方法。

（2）掌握在麒麟服务器操作系统下管理虚拟机的方法。

➤ 素养目标

通过完成学习任务，培养良好的动手能力和实践能力。

7.1 基本概念

虚拟化是指将一台计算机虚拟为多台逻辑计算机的技术。每个逻辑计算机运行不同的操作系统，应用程序在相互独立的空间内运行且互不影响，从而显著提高计算机的工作效率。

简单来说，虚拟化就是在一台物理服务器上运行多台"虚拟服务器"。这种虚拟服务器，也叫作虚拟机（Virtual Machine，VM）。从表面来看，这些虚拟机都是独立的服务器，但实际上它们共享物理服务器的 CPU、内存、硬件、网卡等资源。

物理机，通常称为"宿主机"（Host）；虚拟机，通常称为"客户机"（Guest）。

Hypervisor，又称虚拟机管理器（Virtual Machine Monitor，VMM），主要完成物理资源虚拟化的工作。它不是一款具体的软件，而是一类软件的统称。例如，VMware、KVM、QEMU、Xen、Virtual Box 等，都属于虚拟机管理器。

7.2 虚拟化技术优势

虚拟化不仅提高了计算机资源的利用率和程序运行环境的安全性，而且还可以有效限制程序的资源占用。虚拟化技术的优势主要体现在以下几个方面。

（1）降低运营成本。

虚拟化技术不仅降低了 IT 基础设施的运营成本，使管理员摆脱了繁重的物理服务器、操作系统、中间件及兼容性的管理工作，降低了人工干预频率，使管理更加强大、便捷。

（2）提高应用兼容性。

虚拟化技术提供的封装性和隔离性，使得大量应用独立运行于各种环境中，管理人员无须频繁根据底层环境调整应用，只需构建一个应用版本并将其发布到虚拟化后的不同类型平台上即可。

（3）加速应用部署。

通过虚拟化技术，服务器的部署只需在虚拟化平台上输入配置参数，复制虚拟机，启动虚拟机，即可快速完成部署，大大缩短了部署时间，免除了人工干预，降低了部署成本。

（4）提高服务可用性。

用户可以方便地备份虚拟机，在进行虚拟机动态迁移后，可以快速地恢复备份，或者在其他设备上运行备份，大大提高了服务的可用性。

（5）提升资源利用率。

通过服务器虚拟化的整合，提高了 CPU、内存、网络等设备的利用率，同时保证原有服务的可用性，使其安全性及性能不受影响。

（6）动态调度资源。

在虚拟化技术中，数据中心从传统的单一服务器变成了统一的资源池。管理员可以根据虚拟机内部资源使用情况灵活分配调整给虚拟机的资源。

（7）降低能源消耗。

通过减少运行的物理机数量，减少 CPU 及各单元的耗电量，达到节能减排的目的。

7.3 虚拟化技术在企业中的应用场景

场景 1：多种操作系统共存。一些公司和学校经常会在一台服务器上同时运行多种操作系统，以满足不同用户的需求。利用虚拟化技术，可以轻松解决多种操作系统共存的问题。

场景 2：相同业务部署。在没有虚拟化技术之前的部署业务，每次都是从安装操作系统开始，效率非常低。有了虚拟化技术后，只需克隆模板机，即可完成相同业务部署。

场景 3：资源扩容。一些服务器在运行一段时间后，内存、CPU、硬盘资源不足。按照以往流程，用户需要采购、停机、安装等一系列操作。有了虚拟化技术，只需要动态添加资源就可以完成资源扩容。

7.4 虚拟化技术的分类

（1）CPU 虚拟化。

CPU 的虚拟化是一种硬件方案，支持虚拟化技术的 CPU 通过带有优化过的指令集来控制虚拟过程，利用这些指令集，虚拟机管理器很容易提高性能。

（2）服务器虚拟化。

服务器虚拟化能够通过区分资源的优先次序，并随时随地将服务器资源分配给最需要它们的工作负载，从而简化管理和提高效率，减少为单个工作负载峰值而储备的资源。

（3）存储虚拟化。

虚拟存储设备需要通过大规模的 RAID（Redundant Arrays of Independent Disks，独立冗余磁盘阵列）子系统和多个 I/O 通道连接到服务器，智能控制器提供 LUN（Logicl Unit Number，逻辑单元号）访问控制、缓存和数据复制等管理功能。

（4）网络虚拟化。

网络虚拟化整合后的设备组成了一个逻辑单元，在网络中表现为一个网元节点，管理简单化，配置简单化，可跨设备链路聚合，极大简化了网络架构，同时进一步增强了冗余可靠性。

（5）应用虚拟化。

应用虚拟化通常包括两层含义，即应用软件的虚拟化和桌面的虚拟化。

7.5 虚拟机层次结构

如图 7-1 所示，虚拟机的层次结构包含三个部分：硬件、物理机操作系统、虚拟机管理器。一台物理机运行多台虚拟机，这些虚拟机从用户、应用软件和操作系统的角度来看，几乎与物理机没有区别，用户可以在虚拟机上灵活地安装软件。

虚拟机管理器介于虚拟机操作系统和物理机操作系统之间，负责对物理机资源进行虚拟化，并将虚拟化后的硬件资源提供给虚拟机。

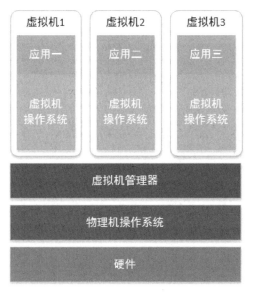

图 7-1　虚拟机的层次结构

7.6　准备工作

（1）QEMU、Libvirt 和 Virt-manager 三者之间的关系。

QEMU 虽然是一款很"古老"的虚拟机软件，但功能十分强大，甚至在 Xen、KVM 这些虚拟机产品中都少不了 QEMU 的身影。它能模拟整个计算机系统，包括中央处理器及其他周边设备，缺点是不支持图形化管理，命令行参数较为冗长。

Libvirt 是一个库和守护程序，主要用于虚拟机的管理，实现虚拟机的创建、启动、关闭、暂停、恢复、迁移、销毁，以及对虚拟网卡、硬盘、CPU、内存等多种设备的热添加。

Virt-manager 通过 Libvirt 管理虚拟机的桌面用户界面，它还包括命令行配置工具 Virt-install。

QEMU 是提供虚拟化的组件，Libvirt 提供一整套的应用程序接口（Application Program Interface，API），用于管理 KVM 虚拟机，具有图形化界面 Virt-manager，虚拟机管理器通过 Libvirt 管理 QEMU 虚拟机。

麒麟服务器操作系统的软件源内包含 Virt-manager 这个第三方的虚拟机管理器，

可创建、管理和运行虚拟机。

（2）安装虚拟化软件。将光盘插入光驱，麒麟服务器操作系统可自动加载光驱，然后依次安装相关软件包。

```
[root@kylin 桌面]# yum -y install qemu*
[root@kylin 桌面]# yum -y install libvirt*
[root@kylin 桌面]# yum -y install virt-manager
```

（3）重启 Libvirtd 服务。

```
[root@kylin 桌面]# service libvirtd restart
```

（4）设置开机启动。

```
[root@kylin 桌面]# systemctl enable libvirtd
```

（5）关闭 SELinux。

```
[root@kylin 桌面]#setenforce 0
```

7.7 安装虚拟机

安装一台 CentOS 的虚拟机，首先把 CentOS 的 ISO 映像文件上传到"/home/kvm/images"文件夹下。

（1）运行 virt-manager 命令。

在命令行状态下输入"virt-manage"命令，打开"虚拟系统管理器"窗口，如图 7-2 所示。

```
[root@kylin 桌面]# virt-manager
```

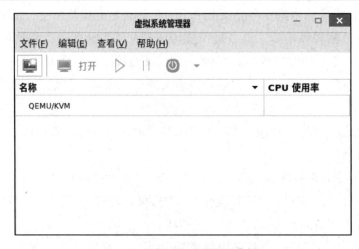

图 7-2 "虚拟系统管理器"窗口

（2）单击"文件"→"新建虚拟机"选项，出现新建虚拟机界面。选中"本地安装介质（ISO 映像或者光驱）"单选按钮，单击"前进"按钮，如图 7-3 所示。

图 7-3　选中"本地安装介质（ISO 映像或者光驱）"单选按钮

（3）在如图 7-4 所示的界面中，单击"浏览"按钮，选择 ISO 或者 CDROM 安装媒介的指定文件，操作系统类型一般可自动识别，然后单击"前进"按钮。

图 7-4　选择 ISO 或者 CDROM 安装媒介

（4）在如图 7-5 所示的界面中，设置虚拟机的内存及 CPU 核数，此处内存及 CPU 核数只是参考数值，可根据计算机参数进行调整。设置完成后单击"前进"按钮。

图 7-5　设置虚拟机的内存及 CPU 核数

（5）在如图 7-6 所示的界面中，设置虚拟机的硬盘空间，根据计算机参数调整硬盘空间大小，但必须满足虚拟机操作系统的最小安装设置。设置完成后单击"前进"按钮。

图 7-6　设置虚拟机的硬盘空间

硬盘支持两种磁盘格式：RAW 和 QCOW2。

RAW 为原始磁盘镜像格式，这个格式的优点是简单，易于导入和导出到其他虚拟化环境中使用。

QCOW2 为镜像格式，是 QEMU 模拟器支持的一种磁盘镜像。它是用一个文件来表示一块固定大小的块设备磁盘。QCOW2 是目前比较主流的一种虚拟化镜像格式。

QCOW2 磁盘格式虽然在性能上比 RAW 磁盘格式有一些损失，主要体现在文件增量上，QCOW2 磁盘格式的文件为了分配 Cluster，多花费了一些时间。但是 QCOW2 磁盘格式的镜像比 RAW 磁盘格式的文件小，只有在虚拟机实际占用了磁盘空间时，其文件才会增大，能减少迁移花费的流量，更适用于云计算系统。同时，它还具有加密、压缩、快照等 RAW 格式不具有的功能。

（6）在如图 7-7 所示的界面中，设置虚拟机名称和网络接入方式。需要注意的是，源模式设置为桥接，然后单击"完成"按钮。

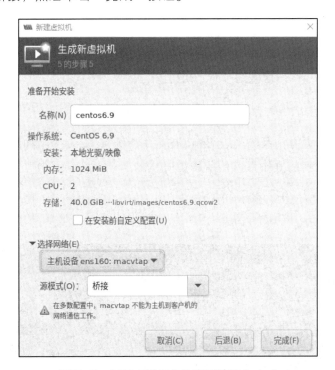

图 7-7　设置虚拟机名称和网络接入方式

一般虚拟机的设置网络连接主要包括三种模式：NAT 模式、Bridge 模式和 Internal 模式。

①NAT 模式。

NAT 模式又称 HOST（宿主）模式。在这种模式下，虚拟机没有自己的独立网卡。所有访问虚拟机的请求将直接发送给宿主机，然后通过访问宿主机转发到虚拟机。相应的虚拟机访问其他网络，也是通过宿主机再转发出去的。对于宿主机之外的网络，是不知道该虚拟机存在的。

②Bridge 模式。

Bridge 模式即桥接模式，是使用比较多的模式，它是虚拟机拥有自己的独立网卡和 IP 地址，然后通过借用宿主机的网卡对外连接网络。它把宿主机的网卡当作了一种"桥"，通过这个桥连接外网。在这种模式下，虚拟机和宿主机是两个不同的机器，虚拟机有独立 IP 地址且和宿主机处于同一网段，它们之间可以相互访问。

③Internal 模式。

Internal 模式可以把虚拟机之间的网络和主机的网络隔离开来。虚拟机是一张网络，主机也是一张网络，彼此之间无法相互访问。

（7）创建虚拟机，分配资源，包含 CPU 核数、内存、存储等，如图 7-8 所示。

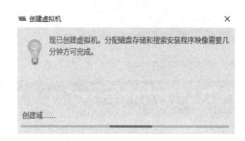

图 7-8　创建虚拟机

（8）安装虚拟机操作系统（以 CentOS 6.9 为例），安装界面如图 7-9 所示。安装方法与在物理机上安装操作系统的流程是一样的。

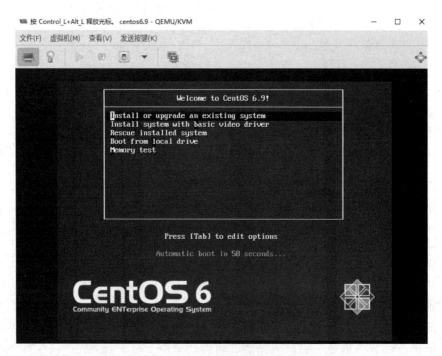

图 7-9　安装虚拟机操作系统的界面

当虚拟机捕获鼠标后，如果想切换到宿主机进行操作，需要按 Ctrl+Alt 组合键，这样鼠标控制权就可以回到宿主机了。若将控制权交回至虚拟机，则可以将鼠标光标移至虚拟机显示区域的任意位置，然后单击即可。

（9）系统安装完毕后进入 CentOS 6.9 操作系统桌面，如图 7-10 所示。

图 7-10　CentOS 6.9 操作系统桌面

7.8 注意事项

操作系统在安装的过程中，默认没有图形界面，需要手动设置图形界面参数。若将虚拟机镜像文件插入光驱，虚拟机操作系统安装完成后，需要修改启动顺序。

（1）设置图形界面。

系统在安装过程中，若想使用图形界面，需要通过虚拟机系统管理工具配置虚拟机的硬件，设置方式如下。选中虚拟机，单击"编辑"菜单中的"虚拟机详情"选项，在打开的窗口中单击"查看"菜单中的"详情"选项。单击"添加硬件"按钮，如图 7-11 所示，选择"图形"选项，设置图形界面参数，如图 7-12 所示。设置完成后，单击"完成"按钮。

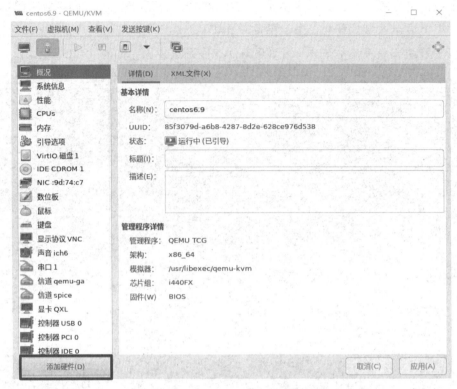

图 7-11　单击"添加硬件"按钮

图 7-12　设置图形界面参数

（2）修改虚拟机引导设备顺序。

选中虚拟机，单击"编辑"菜单中的"虚拟机详情"选项，在打开的窗口中单击"引导选项"选项，如图 7-13 所示。安装虚拟机操作系统之前，"IDE CDROM 1"作为引导设备顺序的第一项，安装完毕后，修改引导设备顺序，将"VirtIO 磁盘 1"设为引导设备顺序的第一项。

图 7-13　修改虚拟机引导设备顺序

7.9 对虚拟机常见操作

（1）启动虚拟机。

选中并右击已关闭的虚拟机，在弹出的菜单中单击"运行"选项，如图 7-14 所示。

图 7-14　启动虚拟机

（2）关闭虚拟机。

选中并右击运行中的虚拟机，在弹出的菜单中单击"关机"→"关机"选项，如图 7-15 所示。

图 7-15　关闭虚拟机

关机子菜单中包含重启、关机、强制重启、强制关机等选项。

（3）克隆虚拟机。

克隆可以直接生成一台新的虚拟机。

选中需要克隆的虚拟机，单击鼠标右键，在弹出的菜单中单击"克隆"选项。

（4）迁移虚拟机。

迁移是指将虚拟机从一台主机移至另一台主机的过程。

选中需要迁移的虚拟机，单击鼠标右键，在弹出的菜单中单击"迁移"选项。

（5）删除虚拟机。

删除虚拟机之前，首先需要强制关闭虚拟机，然后再删除虚拟机，同时删除关联的存储文件，如图 7-16 所示。

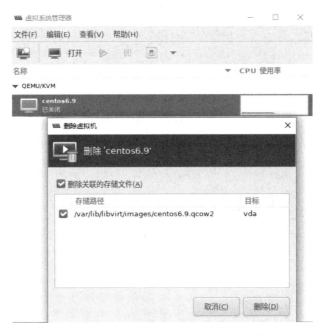

图 7-16　删除虚拟机关联的存储文件

（6）查看虚拟机的镜像文件。

选中虚拟机，单击"编辑"菜单中的"虚拟机详情"选项，在打开的窗口中单击"VirtIO 硬盘 1"选项，如图 7-17 所示，此时可以查看虚拟磁盘所在路径及存储格式。

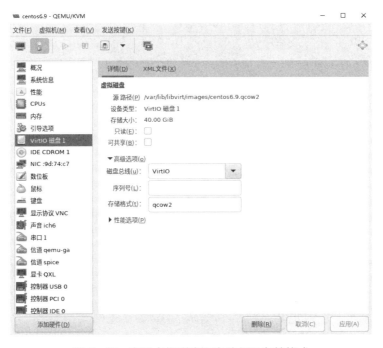

图 7-17　查看虚拟磁盘所在路径及存储格式

（7）修改虚拟机 CPU 核数和内存大小。

选中虚拟机，单击"编辑"菜单中的"虚拟机详情"选项，分别单击"CPUs"和"内存"选项，此时可修改 CPU 核数和内存大小，如图 7-18 和图 7-19 所示。

图 7-18　修改虚拟机 CPU 核数

图 7-19　修改虚拟机内存大小

（8）快照。

快照是一种快速进行系统备份与还原的功能，就像"时光机"一样，可以倒退到某个时间点的系统状态。例如，当用户安装某个软件或做某项测试时，出现了系统崩溃情况，一般的解决方案为重新安装操作系统和软件，或者重新配置操作环境。这种情况可以在进行测试前设置快照，一旦发生系统崩溃情况，只需要回到设置的快照即可，无须重新安装操作系统和软件及配置环境。虚拟机快照设置步骤如下。

①创建快照。

选中虚拟机，单击"编辑"菜单中的"虚拟机详情"选项，在打开的窗口中单击"查看"菜单中的"快照"选项，如图 7-20 所示。

单击"+"按钮，创建快照，设置快照名称，单击"完成"按钮，如图 7-21 所示。

图 7-20　创建快照

图 7-21　创建快照

②应用快照。

单击"查看"菜单中的"快照"选项，出现已经创建完成的快照 snapshot1，选中该快照并单击鼠标右键，在弹出的菜单中单击"开始快照"选项，如图 7-22 所示。在随后弹出的提示框中，单击"是"按钮，虚拟机即可恢复到快照时的状态。

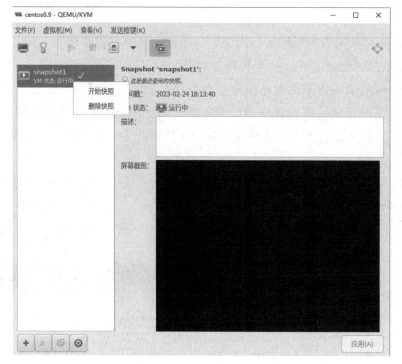

图 7-22　单击"开始快照"选项

章节检测

1. 什么是虚拟化？

2. 虚拟化的优势有哪些？

3. 常见的虚拟磁盘格式有哪些？

4. 虚拟机网络连接模式有哪些？区别是什么？尝试使用不同的网络连接模式，使虚拟机能够访问外网。

5. 在麒麟服务器操作系统上安装一台虚拟机，设置虚拟机相应的 CPU 核数、内存及硬盘大小，并给虚拟机安装相应的操作系统。

第8章
企业应用

➤ 知识目标
　了解常见企业 IT 基础架构的应用场景。
➤ 能力目标
　（1）掌握在麒麟服务器操作系统中部署网页服务器的方法。
　（2）掌握在麒麟服务器操作系统中部署域名解析服务器的方法。
　（3）掌握在麒麟服务器操作系统中部署动态 DHCP 服务器的方法。
　（4）掌握在麒麟服务器操作系统中配置 SSH 协议的方法。
　（5）掌握在麒麟服务器操作系统中部署 FTP 服务器的方法。
　（6）掌握在麒麟服务器操作系统中部署 FTP 服务器的方法。
　（7）掌握在麒麟服务器操作系统中部署 NFS 服务器的方法。
　（8）掌握在麒麟服务器操作系统中部署时间服务器的方法。
➤ 素养目标
　（1）通过查询书籍、资料，培养学生解决实际问题的能力。
　（2）通过完成学习任务，养成爱岗敬业、诚实守信的品德。

8.1 Web 服务

WWW（World Wide Web，万维网），简称 Web，是 Internet 上应用范围最广泛的一种技术。WWW 采用的是客户-服务器模式，客户通过浏览器来交互。Web 服务器储存各种 WWW 文档，并响应客户端软件的请求，通过浏览器将所需的信息资源展示给用户。

一、基本概念

（1）URL。

URL（Uniform Resource Locator，统一资源定位符）是互联网上用于唯一标识资源的地址，其标准格式如下。

<协议>://<主机>:<端口>/<路径>

协议：指定访问资源的协议类型，如 HTTP、HTTPS、FTP、Telnet 等。

主机：表示资源所在服务器的域名或 IP 地址。

端口：指定服务器上资源的访问端口，它是可选项，未指定时采用协议默认端口。

路径：指示服务器上资源的具体位置，格式通常为 "/目录/子目录/文件名"。

（2）HTTP 和 HTTPS。

HTTP（超文本传输协议）是一种网络通信协议，它允许将超文本标记语言（HTML）文档从 Web 服务器传送到客户端的浏览器，默认端口为 80。

HTTP 协议的特点如下。

①无状态。无状态是指协议对于事务处理没有记忆能力。这就意味着如果后续处理需要前面的信息，则必须重传，这样可能导致每次连接传送的数据量增大。另外，在服务器不需要先前信息时，它的应答就会比较快。

②无连接。无连接是指每次只处理一个请求，服务器处理完客户请求，并接收到客户应答后，服务器就会断开与客户端的连接。采用这种方式可以节省传输时间。

③支持客户-服务器模式。客户端发送请求，服务器端响应请求。

④简单快速。客户向服务器请求服务时，只需传送请求方法和路径。请求方法常用的有 GET、POST 等。每种方法规定了客户与服务器联系的类型。由于 HTTP 协议简单，使得 HTTP 服务器的程序规模小，因而通信速度很快。

⑤灵活。HTTP 允许传输任意类型的数据对象。正在传输的类型由 Content-Type

加以标记。

　　HTTPS 协议是一种通过计算机网络进行安全通信的传输协议，经由 HTTP 进行通信，利用 SSL/TLS 建立安全信道，加密数据包。HTTPS 使用的主要目的是提供对网站服务器的身份认证，同时保护交换数据的安全性与完整性，默认端口为 443。

　　HTTPS 协议的特点如下。

　　①内容加密。采用混合加密技术，用户无法直接查看明文内容。

　　②验证身份。通过证书认证，客户端访问的是自己的服务器。

　　③保护数据完整性。防止传输的内容被人冒充或篡改。

　　④需要到 CA 申请证书，一般免费证书较少，因而需要一定费用。

　　⑤HTTPS 连接缓存不如 HTTP 高效，流量成本高。

　　⑥HTTPS 协议握手阶段耗时较长，对网站的响应速度有影响，用户体验感较差。

　　（3）HTML。

　　HTML（超文本标记语言）是一种标记语言。它包括一系列标签，通过这些标签可以将网络上的文档格式统一，使分散的 Internet 资源连接为一个逻辑整体。

　　HTML 文档是一种可以用任何文本编辑器创建的 ASCII 码文件。仅当 HTML 文档是以.html 或.htm 为后缀时，浏览器才会对此文档的各种标签进行解释。如果 HTML 文档以.txt 为其后缀，则 HTML 解释程序不会对标签进行解释，而浏览器只能看见原来的文本文件。

　　当浏览器从服务器读取 HTML 文档后，就会按照 HTML 文档中的各种标签，根据浏览器所使用的显示器的尺寸和分辨率大小，重新进行排版并读取页面。

二、Web 服务器的工作原理

　　Web 服务器的工作原理如图 8-1 所示。

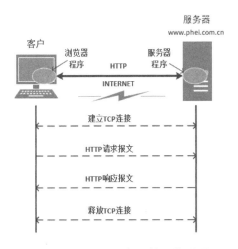

图 8-1　Web 服务器的工作原理

（1）用户通过浏览器访问网页，浏览器分析超链接指向页面的 URL。

（2）浏览器向 DNS 服务器请求解析 www.phei.com.cn 的 IP 地址。

（3）域名系统 DNS 解析 www.phei.com.cn 的 IP 地址为 218.249.32.140。

（4）浏览器与服务器 www.phei.com.cn 建立 TCP 连接（服务器地址为 218.249.32.140，端口号为 80）。

（5）浏览器发出取文件命令"GET index.html"。

（6）服务器 www.phei.com.cn 给出响应，将文件 index.html 发给浏览器。

（7）TCP 连接释放。

（8）浏览器显示电子工业出版社官网主页 index.html 中的所有文本。

三、Apache Web 服务器

Apache 是目前最流行的 Web 服务器软件，它的市场份额一直位居全球前列。Apache Web 服务器具有高稳定性、速度快、功能强、可扩展性好等特点。它可以提供目录、文件和 URL 等级别的访问控制；支持 HTML、PHP 等脚本语言；支持 MySQL、PostgreSQL 等数据库；提供基于开放式安全套接字层协议 OpenSSL，支持保密协议 HTTPS，可用于加密网络传输的信息和数据；提供 Tux 与 Apache 兼容的基于核心的线程级高性能 Web 服务器；提供 PHP、Python、Perl、CGI 等语言模块的支持；提供 ASP 到 PHP 脚本的转换工具。

麒麟服务器操作系统中提供的可用 Web 服务是 httpd 服务，httpd 的版本为 2.4。

四、准备工作

以 httpd-2.4.43-12.p03.ky10.x86_64 为例，讲述 Web 服务器的安装、配置与使用过程。把光盘插入光驱，麒麟服务器操作系统可自动挂载光驱。

五、配置过程

（1）安装软件。

使用 yum 命令进行安装。yum 命令能够从指定的服务器自动下载 RPM 包并进行安装，它可以自动处理各软件包的依赖关系，并且一次安装所有依赖的软件包。

```
[root@kylin 桌面]#yum -y install httpd
```

加"-y"参数，将会自动安装，不进行交互，否则系统会询问是否安装。安装完毕后可执行以下命令来查询已安装的软件包信息。

```
[root@kylin 桌面]#yum list httpd
```

yum 查询安装结果如图 8-2 所示。

```
[root@kylin 桌面]# yum list httpd
上次元数据过期检查：4:35:48 前，执行于 2022年07月29日 星期五 08时28分40秒。
已安装的软件包
httpd.x86_64                    2.4.43-12.p03.ky10              @ks10-adv-updates
```

图 8-2　yum 查询安装结果

（2）运行 httpd 服务。

执行以下命令，启动服务。

```
[root@kylin 桌面]# systemctl start httpd.service
```

执行以下命令，可以在系统引导时，自动启动 httpd 服务。

```
[root@kylin 桌面]# systemctl enable httpd.service
```

执行以下命令，停止服务。

```
[root@kylin 桌面]# systemctl stop httpd.service
```

执行以下命令，可以避免 httpd 服务随操作系统自启动。

```
[root@kylin 桌面]# systemctl disable httpd.service
```

有以下 3 种方法，可以重启 httpd 服务。

①停止正在运行的 httpd 服务，然后重启该服务。

```
[root@kylin 桌面]# systemctl restart httpd.service
```

②运行 httpd 服务并重新加载该服务的配置文件。当前正在处理的任何请求都将
会被中断，客户端浏览器上也会显示错误信息提示语。

```
[root@kylin 桌面]# systemctl reload httpd.service
```

③运行的 httpd 服务重新加载其配置文件，当前正在处理的任何请求都将会沿用
旧的配置继续处理。

```
[root@kylin 桌面]# apachectl graceful
```

（3）编辑配置文件。

当启动 httpd 时，会读取表 8-1 列出的服务器配置文件。

表 8-1　httpd 服务器配置文件

路径	描述
\etc\httpd\conf\httpd.conf	主要配置文件
\etc\httpd\conf.d\	包含在主配置文件中的其他配置文件的所在目录

配置文件完成修改后需要重启 Web 服务器。在启动之前，用以下命令检查文件
中可能出现的错误.

```
[root@kylin 桌面]# apachectl configtest
```

httpd.conf 是 Apache Web 服务器配置的关键文件，几乎所有的功能配置都在这
个文件中完成。

关键参数含义如下。

①服务器运行目录。

```
ServerRoot "/etc/httpd"  //ServerRoot是指守护进程httpd的运行目录
```

②修改服务端口。

默认情况下，httpd 服务的 socket 服务端口为 80，可以修改。

```
Listen 80
```

③修改服务器名称。

指定 httpd 服务的域名和服务端口。

```
ServerName  202.201.161.222:80  //服务器的IP地址及端口号
```

若服务器注册了域名，则可以通过域名在网络上访问该服务器，若服务器没有注册域名，则只能通过 IP 地址访问服务器。

④管理员的 E-mail 地址。

```
ServerAdmin root@com.cn  //用于配置Web服务器的管理员的E-mail地址
```

⑤文档目录。

```
DocumentRoot "/var/www/html"  //服务器对外发布的超文本文档存放的路径
```

⑥设置主页文件名。

```
<IfModule dir_module>
    DirectoryIndex index.html  //主页文件名是index.html
</IfModule>
```

（4）示例演示。

要求：服务器的端口号由原来的 80 端口修改成 8080，加载自己设计的一个主页，文件名为 index.html。

①修改配置文件 httpd.conf。

```
[root@kylin 桌面]# vi httpd.conf
Listen 8080
ServerName  202.201.161.222:8080
```

②设计一个简单的 index.html 文件并上传到指定文件夹"/var/www/html"。

③检查配置文件。

```
[root@kylin 桌面]# apachectl configtest
```

执行结果如图 8-3 所示，从图可知配置文件"httpd.conf"没有语法错误。

```
[root@kylin /]# apachectl configtest
[Fri Jul 29 18:12:42.136234 2022] [so:warn] [pid 83202] AH01574: module socache_
memcache_module is already loaded, skipping
Syntax OK
```

图 8-3 检查配置文件

④重新加载配置文件。

因为服务器的配置文件发生变化（端口号由 80 变为 8080），所以 httpd 服务必须重新启动，新的配置才会起作用。

```
[root@kylin 桌面]# systemctl reload httpd.service
```

⑤用浏览器打开页面。

如果 httpd 服务进程已运行，则可以在浏览器中输入"localhost:8080"或

"127.0.0.1:8080"来访问测试页。如果在其他计算机上访问该服务，则在浏览器中输入"202.201.161.222:8080"才能访问。当然，若做域名解析，也可以通过域名访问。浏览页面如图8-4所示。

这是我的第一个页面。

图8-4　浏览页面

（5）基于域名的虚拟主机的设置。

虚拟主机的含义就是在一个 Apache Web 服务器上可以配置多个虚拟主机，实现一个服务器提供多站点服务，其实就是访问同一个服务器上的不同目录。一个服务器主机可以运行多个网站，每个网站都是一个虚拟主机。它的实现方式有3种：基于 IP 的虚拟主机、基于端口的虚拟主机、基于域名的虚拟主机。

以基于域名的虚拟主机为例，讲述如何在一台 Apache Web 服务器上运行多个站点。

①复制配置文件。

将目录"/usr/share/doc/httpd"下的配置文件"httpd-vhosts.conf"复制到"/etc/httpd/conf.d/"目录下。

```
[root@kylin 桌面]# cp /usr/share/doc/httpd/httpd-vhosts.conf
/etc/httpd/conf.d/
```

②修改配置文件。

配置文件"httpd-vhosts.conf"内容如下。

```
<VirtualHost *:80>          //定义自己所需的端口
    ServerAdmin webmaster1@phei.com.cn  //管理员的E-mail地址
    DocumentRoot "/var/www/phei.com.cn" //存放网页内容的根目录
    ServerName phei.com.cn    //指定域名
    ErrorLog "/var/log/httpd/phei.com.cn-error_log" //错误日志位置
    CustomLog "/var/log/httpd/phei.com.cn-access_log" common  //访
问日志位置
</VirtualHost>
<VirtualHost *:80>
    ServerAdmin webmaster2@hxedu.com.cn
    DocumentRoot "/var/www/hxedu.com.cn"
    ServerName hxedu.com.cn
    ErrorLog "/var/log/httpd/hxedu.com.cn-error_log"
    CustomLog "/var/log/httpd/hxedu.com.cn-access_log" common
</VirtualHost>
```

③创建目录。

分别为两个站点创建放置页面文件的目录。

```
[root@kylin 桌面]#mkdir /var/ www/phei.com.cn
[root@kylin 桌面]#mkdir /var/ www/hxedu.com.cn
```

④复制主页文件。

把两个站点包含的主页文件、相关文件及文件夹分别放置在上述已经建立的目录下。

⑤重新加载配置文件。

服务器的配置文件发生变化，httpd 服务必须重新启动，新的配置才会起作用。

```
[root@kylin 桌面]# systemctl reload httpd.service
```

⑥用浏览器打开测试页面。

由于虚拟主机是基于域名的虚拟主机，因此只能通过域名来区分不同站点。这就需要在本地域名服务器上做域名解析。若无法完成域名解析，可以在客户机做域名解析。

客户机的操作系统若为 Windows 系统，则在目录 "C:\WINDOWS\system32\drivers\etc\" 的 hosts 文件中做两个网站的域名解析。

客户机的操作系统若是麒麟系列，则在目录 "/etc" 下的 hosts 文件中做两个网站的域名解析。

内容添加如下。

```
phei.com.cn            202.201.161.222
hxedu.com.cn           202.201.161.222
```

添加完毕后，打开浏览器，分别输入两个站点的域名：phei.com.cn 和 hxedu.com.cn，结果如图 8-5 和图 8-6 所示。

图 8-5　浏览站点 1

图 8-6　浏览站点 2

8.2 DNS 服务

DNS（Domain Name System，域名系统）是一个分布式、层次化的数据库系统。分布式系统可以缩小单个服务器数据库的大小，减少单个服务器的维护任务。此外，DNS 还利用本地缓存来存储用户最近访问过的信息，以提高 DNS 的访问效率。DNS 服务器可以实现正向、反向的域名解析，实现透明代理、IP 别名、集群等功能，并且可以与 Web、防火墙等结合使用，实现各种网络功能。目前，麒麟服务器操作系统使用 BIND 服务器来实现域名系统，这主要是基于安全因素考虑。在 BIND 中已经引入了 DNSSEC 和 TSIG 等机制，用于加强 DNS 的安全性，从而杜绝针对 DNS 的黑客攻击。

一、DNS 相关概念

（1）域名。

域名是由一串用点分隔的名字组成的 Internet 上某一台计算机或计算机组的名称。由于 IP 地址具有不方便记忆，并且不能显示地址组织的名称和性质等缺点，因此人们设计出了域名，并通过域名系统将域名和 IP 地址相互映射，使得人们更方便地访问互联网，无须记住能够被计算机直接读取的 IP 地址。

互联网名称与数字地址分配机构（ICANN）负责管理和协调国际互联网络域名系统。

域名的结构由标号序列组成，各标号之间用点隔开。

···.三级域名.二级域名.顶级域名

以 www.phei.com.cn 为例，介绍域名的组成，如图 8-7 所示。

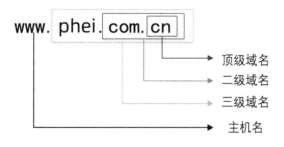

图 8-7　域名的组成

（2）互联网的域名空间。

互联网的域名空间如图8-8所示。

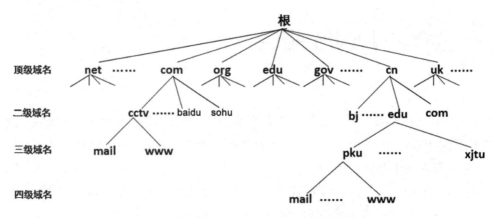

图8-8　互联网的域名空间

①顶级域名。

顶级域名是互联网 DNS 等级之中的最高级的域，它保存在 DNS 根域的名字空间中。

顶级域名分为3类。

a.通用顶级域名。

例如，".com"、".net"、".org"、".edu" 和 ".info" 等。

b.国家顶级域名。

例如，".cn" 代表中国，".uk" 代表英国，".us" 代表美国等。

c.基础结构域名。

这种顶级域名只有一个，即 arpa，用于反向域名解析，因此又称反向域名。

②二级域名/三级域名/四级域名。

二级域名是互联网 DNS 等级中处于顶级域名之下的域。

三级域名是互联网 DNS 等级中处于二级域名之下的域。

四级域名是互联网 DNS 等级中处于三级域名之下的域。

例如，bai**.com 二级域名，tieba.bai**.com 是三级域名，www.phei.com.cn 是四级域名。

（3）域名服务器的类型。

互联网上的 DNS 域名服务器也是按照层次划分的，每个域名服务器都只对域名体系中的一部分进行管辖。根据域名服务器所起的作用不同，可以把域名服务器划分为4种不同的类型：根域名服务器、顶级域名服务器、权限域名服务器和本地域名服务器。域名服务器的类型如图8-9所示。

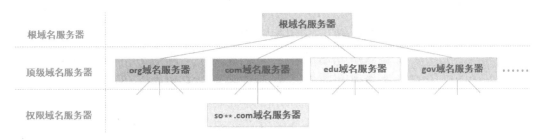

图 8-9　域名服务器的分类

①根域名服务器。

根域名服务器是最高层次的域名服务器，也是最重要的域名服务器。根域名服务器知道所有顶级域名服务器的域名和 IP 地址。如果本地域名服务器无法对域名进行解析，则会请求根域名服务器对域名进行解析。

②顶级域名服务器。

顶级域名服务器负责管理在该服务器注册的所有二级域名。当收到 DNS 查询请求时，顶级域名服务器会给出相应的回答（可能是最后的结果，也可能是下一步需要查询的域名服务器的 IP 地址）。

③权限域名服务器。

权限域名服务器负责一个区的域名服务器。当一个权限域名服务器无法给出最后的查询回答时，就会告知发出查询请求的 DNS 客户，下一步应当找哪一个权限域名服务器。

④本地域名服务器：本地域名服务器并不属于图 8-9 中树状结构的 DNS 域名服务器，但是它对域名系统非常重要。当一个主机发出 DNS 查询请求时，该查询请求报文会发送到本地域名服务器。每个互联网服务提供者（ISP）都可以拥有一个本地域名服务器。

（4）域名解析过程。

域名解析过程中，客户机到本地域名服务器一般采用递归查询的方式，而域名服务器之间一般采用迭代查询方式进行。一个完整的域名解析过程如图 8-10 所示。

其完整的 DNS 解析过程有以下几个步骤。

①查看浏览器缓存。

当用户通过浏览器访问某域名时，浏览器首先会在自己的缓存中查找是否有该域名对应的 IP 地址（若曾经访问过该域名且没有清空缓存便存在）。

②查看系统缓存。

当浏览器缓存中无域名对应 IP 地址时，会自动检查用户计算机系统 hosts 文件 DNS 缓存，是否有该域名对应 IP 地址。

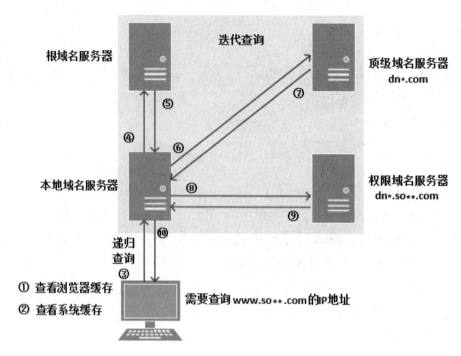

图 8-10　DNS 服务器查询步骤

③查看本地域名服务器。

当在用户客户端查找不到域名 www.so**.com 对应 IP 地址时，则将进入本地 DNS 缓存中进行查询。

④询问根域名服务器。

当以上均未完成时，就会进入根服务器进行查询。根域名服务器收到请求后会查看区域文件记录，若无，则将其管辖范围内顶级域名 dn*.com 服务器 IP 地址告诉本地 DNS 服务器。

⑤询问顶级域名服务器。

顶级域名服务器收到请求后查看区域文件记录，若无记录，则将其管辖范围内权威域名服务器 dn*.so**.com 的 IP 地址告诉本地 DNS 服务器。

⑥询问权限域名（主域名）服务器

权限域名服务器 dn*.so**.com 接收到请求后查询自己的区域文件记录，并把查询的结果 www.so*.com 对应的 IP 地址告诉本地 DNS 服务器。

⑦保存结果至缓存。

本地域名服务器会将返回的结果保存到缓存中，以备下一次使用，同时将该结果反馈给客户端，客户端通过这个 IP 地址即可访问目标 Web 服务器。至此，DNS 递归查询的整个过程结束。

二、准备工作

以 bind-9.1.2.ky10.x86_64 为例，讲述 DNS 服务器的安装、配置与使用过程。将光盘插入光驱，麒麟服务器操作系统可自动挂载光驱。

三、named 涉及的文件

named 涉及的文件见表 8-2。

表 8-2　named 涉及的文件

路径	描述
/etc/named.conf	bind 主配置文件
/etc/named.rfc1912.zones	定义 zone 的文件
/var/named/named.ca	根解析库
/var/named/localhost	本地主机解析库
/usr/sbin/named-checkconf	检测/etc/named.conf 文件语法
/usr/sbin/named-checkzone	检测 zone 和对应 zone 文件的语法

四、named 配置语法

主配置文件/etc/named.conf 包括的内容有监听端口（listen-on port）和 IP 地址。
服务作用范围（allow-query）既可以是本机或指定网段，也可以是全网。
查询方式主要为递归查询和迭代查询。
主配置文件 named.conf 的配置语句如表 8-3 所示。

表 8-3　主配置文件 named.conf 中的配置语句

配置语句	含义
acl	定义一个主机匹配列表，用户访问控制权限
controls	定义 rndc 工具与 bind 服务进程的通信
include	把其他文件的内容包含进来
key	定义加密密钥
logging	定义系统日志信息
masters	定义主域列表
options	设置全局选项
server	定义服务器属性
view	定义视图
zone	定义区域

五、配置过程

（1）安装软件。

```
[root@kylin 桌面]#yum -y install bind
```
安装完毕后，可以查询一下，命令如下。

```
[root@kylin 桌面]#yum list bind
```
执行结果如图 8-11 所示，说明安装成功。

```
[root@kylin /]# yum list bind
上次元数据过期检查：8:33:44 前，执行于 2022年07月31日 星期日 02时39分08秒。
已安装的软件包
bind.x86_64                     32:9.11.21-10.ky10               @ks10-adv-updates
```

图 8-11　yum 查询安装结果

（2）配置 DNS 服务。

➢　服务器端

①编辑/etc/named.conf 文件。

```
[root@kylin 桌面]#vi /etc/named.conf
options {
listen-on port 53 { 202.201.161.222; };   //监听端口
listen-on-v6 port 53 { ::1; };  //对IPv6支持
directory    "/var/named"; //区域文件存储目录
dump-file    "/var/named/data/cache_dump.db";
statistics-file "/var/named/data/named_stats.txt";
memstatistics-file "/var/named/data/named_mem_stats.txt";
secroots-file    "/var/named/data/named.secroots";
recursing-file    "/var/named/data/named.recursing";
allow-query    { any; };   //查询范围允许任意网段查询。
recursion yes;  //设置进行递归查询
dnssec-enable no;  //关闭dnssec
dnssec-validation no; //关闭dnssec
managed-keys-directory "/var/named/dynamic";
pid-file "/run/named/named.pid";  //存放named的pid
session-keyfile "/run/named/session.key";
    include "/etc/crypto-policies/back-ends/bind.config";
};
logging {  //指定服务器日志记录的内容和日志信息来源
    channel default_debug {
        file "data/named.run";
        severity dynamic;
    };
};
```

```
    zone "." IN {   //指定根域名服务器所在的文件
     type hint;
     file "named.ca";
    };
    include "/etc/named.rfc1912.zones"; //包含/etc/named.rfc1912.zones
文件
    include "/etc/named.root.key";
```

②named.rfc1912.zones 主配置文件。

命令语法格式如下。

```
    zone "ZONE_NAME" IN {
        type {master|slave|hint|forward};
        file "ZONE_NAME.zone";
    };
```

其中，zone "ZONE_NAME"用来定义解析库名字，通常和解析库文件前缀对应起来。

type 参数说明：master 是指主 DNS 解析；slave 是指从 DNS 解析；hint 是指根域名解析；forward 是指转发，转发不使用 file。

file：定义区域解析库文件名字，位置默认在/var/named 下，file 的前缀通常和 zone 的名字通常对应起来，然后加一个.zone 的后缀。

编辑/etc/named.rfc1912.zones 文件。

```
    [root@kylin 桌面]#vi named.rfc1912.zones
    zone "localhost.localdomain" IN {
     type master;
     file "named.localhost";
     allow-update { none; };
    };
    zone "localhost" IN {
     type master;
     file "named.localhost";
     allow-update { none; };
    };
    zone "1.0.0.0.0.0.0.0.0.0.0.0.0.0.0.0.0.0.0.0.0.0.0.0.0.0.0.0.0.0.
0.0.0.ip6.arpa" IN {
        type master;
        file "named.loopback";
        allow-update { none; };
        };
    zone "1.0.0.127.in-addr.arpa" IN {
     type master;
     file "named.loopback";
     allow-update { none; };
```

```
                };
        zone "0.in-addr.arpa" IN {
         type master;
         file "named.empty";
         allow-update { none; };
        };
        zone "com.cn" IN { //这是新添加的一个域com.cn，文件名是com.cn.zone
                type master;
                file "com.cn.zone";
                allow-update { none; };
        };
        zone "161.201.202.in-addr.arpa" IN { //这是新添加的一个反向区域
161.201.202.in-addr.arpa，文件名是202.201.161.zone
                type master;
                file "202.201.161.zone";
                allow-update { none; };
        };
```

③com.cn.zone 区文件。

编辑/var/named/com.cn.zone文件，以named.localhost文件为模板

```
        [root@kylin 桌面]#cp /var/named/named.localhost
/var/named/com.cn.zone
        [root@kylin 桌面]#vi /var/named/com.cn.zone
        $TTL 1D
        @    IN SOA  @ com.cn. (
                0  ; serial
                1D ; refresh
                1H ; retry
                1W ; expire
                3H )  ; minimum
         NS    @
         A    202.201.161.222
        www    IN A    202.201.161.220
        mail    IN  A   202.201.165.35
```

注意："com.cn." 必须以点结尾。

④ 202.201.161.zone 区文件。

编辑 "/var/named/202.201.161.zone" 文件，以 named.loopback 文件为模板。

```
        [root@kylin 桌面]#cp /var/named/named. Loopback
/var/named/202.201.161.zone
        [root@kylin 桌面]#vi /var/named/202.201.161.zone
        $TTL 1D
        @    IN SOA  @ com.cn. (
                0  ; serial
                1D ; refresh
```

```
            1H  ; retry
            1W  ; expire
            3H )    ; minimum
              NS  dn*.com.cn.
    222     PTR   dn*.com.cn.
    220     PTR   www.co*.cn.
```

（3）修改分组与赋予权限。

```
[root@kylin 桌面]#chgrp named com.cn.zone  //修改所属分组
[root@kylin 桌面]#chgrp named 202.201.161.zone  //修改所属分组
[root@kylin 桌面]#chmod 640 com.cn.zone  //赋予权限
[root@kylin 桌面]#chmod 640 202.201.161.zone  //赋予权限
```

（4）运行 named 的服务。

启动服务。

```
[root@kylin 桌面]# systemctl start named.service
```

执行以下命令，可以使得在系统引导时自动启动 named 服务。

```
[root@kylin 桌面]# systemctl enable named.service
```

停止服务。

```
[root@kylin 桌面]# systemctl stop named.service
```

执行以下命令，可以避免 named 服务随操作系统自启。

```
[root@kylin 桌面]# systemctl disablenamed.service
```

重启服务。

方法一：首先停止运行的 named 服务，然后再重启它。

```
[root@kylin 桌面]# systemctl restart named.service
```

方法二：运行的 named 服务重新加载它的配置文件。

```
[root@kylin 桌面]# systemctl reload named.service
```

➤ 客户端

客户机的操作系统若是麒麟系统，则需要安装 nslookup 工具，安装步骤如下。

首先，把光盘插入光驱，在命令行状态下执行以下命令。

```
[root@kylin 桌面]# yum -y install bind-utils
```

其次，编辑/etc/resolv.conf 文件，如图 8-12 所示。

```
[root@kylin 桌面]# vi /etc/resolv.conf
```

```
                              root@kylin:/etc
文件(F)  编辑(E)  查看(V)  搜索(S)  终端(T)  帮助(H)
# Generated by NetworkManager
search com.cn
nameserver 202.201.161.222
```

图 8-12 编辑 resolv.conf 文件

在客户机上运行 nslookup 命令，验证 named 服务配置是否正确。nslookup 命令执行结果如图 8-13 所示。

```
[root@kylin named]# nslookup
> www.■■.cn
Server:         202.201.161.222
Address:        202.201.161.222#53

Name:   www.■■.cn
Address: 202.201.161.220
> ■■■.com.cn
Server:         202.201.161.222
Address:        202.201.161.222#53

Name:   ■■■.com.cn
Address: 202.201.165.35
```

图 8-13　nslookup 命令执行结果

8.3　DHCP 服务

　　DHCP 是由互联网工程任务组（IETF）精心设计的，旨在简化 TCP/IP 网络的规划、管理和维护工作。DHCP 的详细规范可以在 RFC 文档 2131 和 RFC1541 中找到。DHCP 服务的核心目标是缓解 IP 地址空间的紧张状况，通过集中管理 TCP/IP 网络设置，动态地为工作站配置 IP 地址。DHCP 服务器通过租约机制，将 IP 地址与预配置的地址池相联系，从而实现 IP 地址的自动化分配和租用，极大地减少了网络管理人员的手动干预。DHCP 的设计初衷是作为自举协议（BOOTP）的扩展，它不仅支持那些需要网络配置信息的无盘工作站，还为需要固定 IP 地址的系统提供了相应的解决方案。这种设计使得 DHCP 能够灵活适应不同类型的网络环境和需求。

一、DHCP 相关概念

　　（1）DHCP 实现要求。
　　动态主机配置协议（DHCP）是一种网络协议，它允许主机在启动后自动获取 IP 地址、子网掩码、DNS 等网络配置信息。DHCP 采用客户–服务器模式运作。要实现 DHCP 服务，网络中的主机必须具备 DHCP 客户端功能，同时网络中至少需要一台配置为 DHCP 服务器的设备。此外，主机与服务器之间需要能够进行正常通信。由于 DHCP 中某些消息是通过广播方式发送的，因此 DHCP 服务器与客户端应位于同一子网内。如果它们位于不同的子网，可能需要配置 DHCP 中继来转发这些广播消息。

DHCP 服务器可以是一台专用的服务器主机，也可以是集成了 DHCP 服务的路由或交换设备。DHCP 利用用户数据报协议（UDP）进行通信，其中 DHCP 客户端使用端口号 68，而 DHCP 服务器使用端口号 67。

（2）部署 DHCP 服务的好处。

部署 DHCP 服务可以显著减少网络管理员的工作量，并降低因手动配置错误而导致的问题。它还能有效避免 IP 地址冲突，当网络的 IP 地址段发生变更时，无须对每个用户的 IP 地址进行重新配置。此外，DHCP 提高了 IP 地址的利用率，并简化了客户端的网络配置过程。

（3）DHCP 分配方式。

自动分配（Automatic Allocation）：DHCP 服务器为主机分配一个永久性的 IP 地址。一旦客户端首次成功从服务器租用 IP 地址，即可永久使用该地址。

动态分配（Dynamic Allocation）：DHCP 服务器分配给主机的 IP 地址具有时间限制。当租期到期或客户端明确释放该地址时，该 IP 地址可以被其他主机使用。

手工分配（Manual Allocation）：客户端的 IP 地址由网络管理员预先指定，DHCP 服务器的作用是将这个指定的 IP 地址通知给客户端主机。

（4）DHCP 工作流程。

DHCP 工作流程如图 8-14 所示。

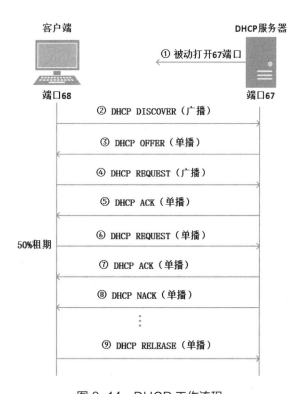

图 8-14　DHCP 工作流程

① 服务器监听：DHCP 服务器在 UDP 端口 67 上被动地监听来自客户端的请求。

② 客户端广播：DHCP 客户端通过 UDP 端口 68 广播 DHCP 发现（DISCOVER）消息，以寻找可用的 DHCP 服务器。

③ 服务器响应：收到 DHCP 发现消息的每个 DHCP 服务器都会发出 DHCP 提供（OFFER）消息，客户端可能会收到多个服务器的提供消息。

④ 客户端选择：DHCP 客户端从收到的多个提供消息中选择一个，并发送 DHCP 请求（REQUEST）消息给所选的 DHCP 服务器。

⑤ 服务器确认：被选中的 DHCP 服务器发送 DHCP 确认（ACK）消息，客户端进入绑定状态，并开始使用临时分配的 IP 地址。

⑥ 租期管理：DHCP 客户端根据服务器提供的租期（T）设置两个计时器 T1 和 T2，其超时时间分别为 0.5T 和 0.875T。当 T1 时间到达时，客户端发送 DHCP 请求消息以续租。

⑦ 续租确认：如果 DHCP 服务器同意续租，它会发送 DHCP 确认（ACK）消息，客户端获得新的租期并重新设置计时器。

⑧ 续租拒绝：如果 DHCP 服务器拒绝续租，它会发送 DHCP 拒绝（NACK）消息。此时，客户端必须立即停止使用当前 IP 地址，并重新发起 IP 地址申请流程（返回步骤②）。

⑨ 租期释放：DHCP 客户端可以随时通过发送 DHCP 释放（RELEASE）消息来提前终止租期，释放所分配的 IP 地址。

二、DHCP 配置

（1）安装软件。

将光盘插入光驱，麒麟服务器操作系统将自动挂载光盘。在终端中执行以下命令安装 DHCP 服务软件。

```
[root@kylin 桌面]# yum -y install dhcp
```

安装完成后，可以通过查看安装日志或执行特定查询命令来确认安装是否成功，如图 8-15 所示。如果显示成功信息，则表明安装已顺利完成。

```
[root@kylin 桌面]# yum list dhcp
上次元数据过期检查：0:00:15 前，执行于 2023年02月14日 星期二 02时08分12秒。
已安装的软件包
dhcp.x86_64                        12:4.4.2-3.ky10              @anaconda
```

图 8-15　确认安装是否成功

（2）配置文件 dhcpd.conf。

安装 DHCP 服务器后，需要配置/etc/dhcp/dhcpd.conf 文件。此目录默认为空，因此需要从示例文件复制配置内容。执行以下命令来复制示例配置文件并编辑配置。

```
[root@kylin 桌面]# cp /usr/share/doc/dhcp-server/dhcpd.conf.example
/etc/dhcp/dhcpd.conf   //复制示例配置文件
[root@kylin 桌面]# vim /etc/dhcp/dhcpd.conf
```

在配置文件中，可以设置如下选项。

```
option domain-name "hxedu.com.cn";   // 配置域名
option domain-name-servers dns1.hxedu.com.cn,dns2.hxedu.com.cn;
// 配置DNS服务器地址，注意逗号后应有空格
default-lease-time 600;      // 设置最小租约时间为600秒
max-lease-time 7200;         // 设置最大租约时间为7200秒
log-facility local7;      // 定义日志记录方式
```

接下来，定义子网配置。

```
subnet 202.201.165.0 netmask 255.255.255.0 {
  range 202.201.165.184 202.201.165.188;        // 指定IP地址池范围
  option domain-name-servers dns1.hxedu.com.cn;   // 设置DNS服务器
  option domain-name "hxedu.com.cn";        // 设置域名
  option routers 202.201.165.182;    // 设置默认网关，通常也是DHCP服务器
的IP地址
  option broadcast-address 202.201.165.255;      // 设置广播地址
  // 此处应删除default-lease-time和max-lease-time的重复设置
}
```

（3）启动 DHCP 服务、关闭 SELinux 和防火墙。

要启动 DHCP 服务并确保其正常运行，需要执行以下命令。

```
[root@kylin 桌面]# systemctl restart dhcpd
```

为了确保 DHCP 服务不受 SELinux 和防火墙的限制，可以执行以下命令。

单击"开始"→"设置"→"网络和 Internet"→"以太网"→"更改适配器选项"选项，在打开的"网络连接"窗口中右击"以太网"选项，在弹出的快捷菜单中单击"属性"选项，在打开的"以太网属性"对话框中双击"Internet 协议版本 4（TCP/IPv4）"选项，打开"Internet 协议版本 4（TCP/IPv4）属性"，按图 8-16 进行设置后单击"确定"按钮。

```
[root@kylin 桌面]# setenforce 0
[root@kylin 桌面]# systemctl stop firewalld && systemctl disable
firewalld
```

（4）设置客户端。

① Windows 系统下的客户端设置。

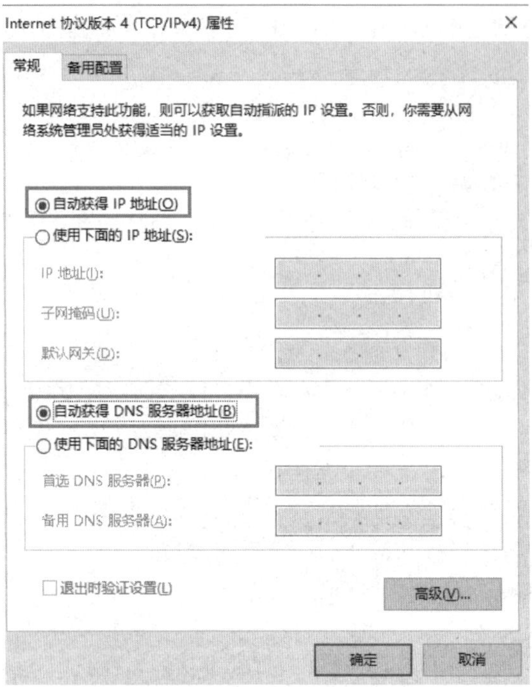

图 8-16　Windows 客户端设置

②麒麟服务器操作系统下的客户端设置。

打开终端，输入以下命令来编辑网络配置文件。

```
[root@kylin 桌面]# vi /etc/sysconfig/network-scripts/ifcfg-ens160
```
确保配置文件包含以下内容。

```
DEVICE=ens160
ONBOOT=yes
BOOTPROTO=dhcp
TYPE=Ethernet
```

这些设置指定网络设备在启动时自动激活，并使用 DHCP 协议自动获取 IP 地址。

（5）服务器端查看正在使用的 IP 地址。

DHCP 服务器端查看客户端获取的 IP 地址，可以使用 nmap 工具。

首先，需要安装 nmap 软件包。在终端执行以下命令。

```
[root@kylin 桌面]#yum -y install nmap
```

安装完成后，使用 nmap 命令查看指定 IP 地址段的使用情况。例如，检查 202.201.165.184 到 202.201.165.188 的 IP 地址使用情况，执行以下命令。

```
[root@kylin 桌面]#nmap 202.201.165.184-188
```

查看结果如图 8-17 所示，确认客户端是否成功获取 IP 地址。例如，如果某台主机显示已获取 IP 地址 202.201.165.184，则表示配置成功。

```
[root@kylin dhcp]# nmap 202.201.165.184-188
Starting Nmap 7.92 ( https://███ ██ ) at 2023-02-14 12:59 CST
Nmap scan report for 202.201.165.184
Host is up (0.00062s latency).
Not shown: 989 closed tcp ports (reset)
PORT       STATE SERVICE
135/tcp    open  msrpc
139/tcp    open  netbios-ssn
445/tcp    open  microsoft-ds
3389/tcp   open  ms-wbt-server
49152/tcp open  unknown
49153/tcp open  unknown
49154/tcp open  unknown
49155/tcp open  unknown
49158/tcp open  unknown
49160/tcp open  unknown
49163/tcp open  unknown
MAC Address: 00:50:56:9B:2D:0B (VMware)

Nmap done: 5 IP addresses (1 host up) scanned in 15.51 seconds
```

图 8-17　查看结果

8.4　SSH 服务

　　SSH，即 Secure Shell，是一种建立在应用层和传输层之上的安全协议。相较于传统的网络服务程序，如 FTP、POP 和 TELNET，它们在网络上以明文传输数据、用户账号和密码，容易遭受中间人攻击，SSH 提供了更为可靠的安全性。SSH 协议能有效防止远程管理过程中的信息泄露，对所有传输的数据进行加密，并防止 DNS 欺骗和 IP 欺骗。SSH 的另一个显著优势是其传输的数据经过压缩，从而加快了传输速度。SSH 不仅能够替代 TELNET，还能为 FTP、POP，甚至 PPP 提供一个安全的通信通道。目前，麒麟服务器操作系统采用 OpenSSH 服务器来实现 SSH 服务。

　　OpenSSH 是 SSH 协议的一个免费开源实现，支持两种登录方式：基于口令和基于密钥。以下是 OpenSSH 的安装、配置及使用过程的详细说明。

8.4.1　OpenSSH 的配置

（1）安装 OpenSSH。

①验证 OpenSSH 是否已安装。

打开终端并输入以下命令来检查系统是否已安装 OpenSSH。

```
[root@kylin 桌面]# yum list installed | grep openssh
```

执行结果如图 8-18 所示。

```
[root@kylin 桌面]# yum list installed|grep openssh
openssh.x86_64                         8.2p1-9.p03.ky10        @ana
conda
openssh-clients.x86_64                 8.2p1-9.p03.ky10        @ana
conda
openssh-help.noarch                    8.2p1-9.p03.ky10        @ana
conda
openssh-server.x86_64                  8.2p1-9.p03.ky10        @ana
conda
```

图 8-18　执行结果 1

此处显示已经安装了 OpenSSH，若没有安装 OpenSSH，执行以下命令安装 OpenSSH。

```
[root@kylin 桌面]#yum -y install openssh
```

②输入以下命令来确认是否开启 SSHD 服务。

```
[root@kylin 桌面]# systemctl status sshd
```

执行结果如图 8-19 所示。

```
[root@kylin 桌面]# systemctl status sshd
● sshd.service - OpenSSH server daemon
   Loaded: loaded (/usr/lib/systemd/system/sshd.service; enabled; vendor preset: enabled)
   Active: active (running) since Tue 2022-07-26 16:39:10 CST; 1 day 20h ago
     Docs: man:sshd(8)
           man:sshd_config(5)
 Main PID: 1436 (sshd)
    Tasks: 1
   Memory: 1.9M
   CGroup: /system.slice/sshd.service
           └─1436 sshd: /usr/sbin/sshd -D [listener] 0 of 10-100 startups
```

图 8-19　执行结果 2

如图所示，已经开启 SSHD 服务。若未开启 SSHD 服务，执行以下命令开启 SSHD 服务。

```
[root@kylin 桌面]#systemctl start sshd
```

③设置 SSH 服务开机自启。

首先，检查 SSH 服务是否设置为开机自启。

```
[root@kylin 桌面]#systemctl is-enabled sshd
```

执行结果如图 8-20 所示。

```
[root@kylin 桌面]# systemctl is-enabled sshd
enabled
```

图 8-20　执行结果 3

如图 8-20 所示，SSH 已经默认开机启动。如果显示 disabled，执行以下命令来设置 SSH 开机自启。

```
[root@kylin 桌面]# systemctl enable sshd
```

（2）配置 OpenSSH。

①配置文件说明。

OpenSSH 的配置文件分为两大类：一类针对客户端程序，如 SSH、SCP 和 SFTP；

另一类则针对服务端程序，即 SSHD 守护进程。

系统级 SSH 配置：适用于整个系统的 SSH 配置文件存放于/etc/ssh/目录中，这些配置将影响所有用户的 SSH 客户端和服务器行为。具体的系统级配置文件及其作用详见表 8-4。

表 8-4 系统级配置文件及其作用

配置文件	作用
/etc/ssh/moduli	存储了用于 Diffie-Hellman 密钥交换的 Diffie-Hellman 组。Diffie-Hellman 密钥交换对于建立安全的传输层至关重要。在 SSH 会话开始时交换密钥，创建一个共享的秘密值，该值不能由任何一方单独确定。这个共享的秘密随后用于进行主机认证
/etc/ssh/ssh_config	/etc/ssh/ssh_config 是默认的 SSH 客户端配置文件。需要注意的是，如果存在 ~/.ssh/config 文件，则其配置将优先覆盖 /etc/ssh/ssh_config 中的相应设置
/etc/ssh/sshd_config	SSH 守护进程（SSHD）的配置文件，用于设定服务器的行为和策略
/etc/ssh/ssh_host_ecdsa_key	SSHD 守护进程所使用的 ECDSA 密钥对的私钥
/etc/ssh/ssh_host_ecdsa_key.pub	SSHD 守护进程所使用的 ECDSA 密钥对的公钥
/etc/ssh/ssh_host_ed25518_key	SSH 协议版本 1 的 SSHD 守护进程所使用的 Ed25519 密钥对的私钥
/etc/ssh/ssh_host_ed25518_key.pub	SSH 协议版本 1 的 SSHD 守护进程所使用的 Ed25519 密钥对的公钥
/etc/ssh/ssh_host_rsa_key	SSH 协议版本 2 的 SSHD 守护进程所使用的 RSA 密钥对的私钥
/etc/ssh/ssh_host_rsa_key.pub	SSH 协议版本 2 的 SSHD 守护进程所使用的 RSA 密钥对的公钥
/etc/pam.d/sshd	SSHD 守护进程的 PAM（可插拔认证模块）配置文件，用于定义认证过程
/etc/sysconfig/sshd	SSHD 服务的系统配置文件，包含了服务启动和运行时使用的参数

用户级 SSH 配置：特定用户的 SSH 配置文件存放于用户目录下的~/.ssh/中，允许用户自定义其 SSH 客户端行为。用户级配置文件及其作用详见表 8-5。

表 8-5 用户级配置文件及其作用

配置文件	作用
~/.ssh/authorized_keys	用于存储服务端认可的公钥列表。当客户端尝试连接到服务端时，服务端会通过比对客户端提供的公钥签名来验证客户端的身份
~/.ssh/id_ecdsa	包含了用户的 ECDSA 算法私钥
~/.ssh/id_ecdsa.pub	用户的 ECDSA 算法公钥
~/.ssh/id_rsa	SSH 协议版本 2 的 SSH 所使用的 RSA 私钥
~/.ssh/id_rsa.pub	SSH 协议版本 2 的 SSH 所使用的 RSA 公钥
~/.ssh/identity	SSH 协议版本 1 的 SSH 所使用的 RSA 私钥
~/.ssh/identity.pub	SSH 协议版本 1 的 SSH 所使用的 RSA 公钥
~/.ssh/known_hosts	存储了用户曾经连接过的 SSH 服务端的主机公钥。这个文件对于验证客户端是否连接到了正确的 SSH 服务端至关重要

sshd_config 是 OpenSSH 服务器守护进程的配置文件，它负责定义服务器的运

行参数。这些参数包括服务器的监听地址、监听端口、认证尝试的次数限制，以及是否允许 root 账户进行登录等。SSHD 服务通过读取 /etc/ssh/sshd_config 文件（或者通过命令行，使用"–f"参数指定的其他配置文件）来获取配置信息。

配置文件由一系列的关键字和对应的参数组成，每个关键字参数对占据一行。以 #开头的行及空白行被视为注释，不作为配置指令。对 sshd_config 文件进行的任何修改都需要重启 SSHD 服务后才能生效。sshd_config 常用参数说明表见表 8-6。

表 8-6　sshd_config 常用参数说明表

参数	默认值	参数说明
Port	22	SSHD 服务的默认端口号为 22，出于安全考虑，建议将其更改为其他端口以避免常见的网络攻击
AddressFamily	any	设置协议簇，默认支持 IPV4 和 IPv6
ListenAddress	0.0.0.0	默认监听网卡所有的 IP 地址
PermitRootLogin	yes	是否允许 root 登录，默认是允许的。出于安全考虑，建议将其设置为 no
StrictModes	yes	如果检测到已知的主机密钥发生变化，服务器将拒绝连接
MaxAuthTries	6	root 用户尝试连接的最大次数限制
MaxSessions	10	服务器允许保持的最大未认证连接数，默认值为 10。达到此限制后，除非先前的连接完成认证或超出 LoginGraceTime 的限制，否则服务器将不再接受新的连接
PrintMotd	yes	用户登录后是否显示动态消息
PrintLastLog	yes	是否在用户登录时显示上次登录的信息
TCPKeepAlive	yes	yes 表示 SSH 服务器将发送保活信息给客户端，以确保持续的网络连接。如果任何一方断开连接，将立即终止会话
PasswordAuthentication	yes	是否允许使用基于密码的认证方法。默认设置为 yes
PermitEmptyPasswords	no	是否允许空密码用户进行远程登录。默认为 no

8.4.2　基于口令的认证

（1）修改/etc/ssh/sshd_config 配置文件。

使用文本编辑器，如 vim，编辑/etc/ssh/sshd_config 文件。

```
[root@kylin ssh]# vim /etc/ssh/sshd_config
```

①修改端口号。

SSH 服务默认监听端口为 22。为了增强系统安全性，建议更改默认端口。在配置文件中，设置 Port 参数为所选端口。

②指定监听地址。

若服务器配备多个网络接口，可通过 ListenAddress 参数指定 SSHD 服务仅监听特定接口的 IP 地址。

③允许/禁止 root 账户登录。

默认情况下，系统允许 root 用户登录。若需禁止 root 登录，可设置 PermitRootLogin

为 no。更改后，重启 SSHD 服务以应用设置。

④设置每个连接最大认证尝试次数。

通过 MaxAuthTries 参数设定每个连接允许的最大认证尝试次数，默认值为 6。若认证失败次数达此数值的一半，连接将被断开，并将记录失败日志。

⑤允许使用基于口令的认证。

PasswordAuthentication 参数控制是否允许使用基于口令的认证方式，默认值为 yes。

示例配置如下，设置端口号为 22，监听地址为 202.201.165.182，允许 root 登录，最大认证尝试次数为 6，超过 3 次认证失败将断开连接，并使用基于口令的认证方式。

```
Port 22
#AddressFamily any
ListenAddress 202.201.165.182
#ListenAddress :
HostKey /etc/ssh/ssh_host_rsa_key
HostKey /etc/ssh/ssh_host_ecdsa_key
HostKey /etc/ssh/ssh_host_ed25519_key
# Ciphers and keying
#RekeyLimit default none
# Logging
#SyslogFacility AUTH
SyslogFacility AUTH
#LogLevel INFO
# Authentication:
#LoginGraceTime 2m
PermitRootLogin yes
#StrictModes yes
MaxAuthTries 6
#MaxSessions 10
#PubkeyAuthentication yes
# The default is to check both .ssh/authorized_keys
and .ssh/authorized_keys2
# but this is overridden so installations will only
check .ssh/authorized_keys
AuthorizedKeysFile     .ssh/authorized_keys
#AuthorizedPrincipalsFile none
#AuthorizedKeysCommand none
#AuthorizedKeysCommandUser nobody
# For this to work you will also need host keys in
/etc/ssh/ssh_known_hosts
#HostbasedAuthentication no
# Change to yes if you don't trust ~/.ssh/known_hosts for
```

```
# HostbasedAuthentication
#IgnoreUserKnownHosts no
# Don't read the user's ~/.rhosts and ~/.shosts files
#IgnoreRhosts yes
# To disable tunneled clear text passwords, change to no here!
PasswordAuthentication yes
```

（2）两个重要文件。

/etc/host.allow 和/etc/hosts.deny 这两个文件用于控制系统的远程访问。通过这些设置，可以允许或拒绝特定 IP 地址或地址段访问特定服务，包括 SSHD 服务。host.allow 对应白名单，hosts.deny 对应黑名单。

（3）验证 sshd_config 配置文件。

使用"sshd −t"命令来验证配置文件的语法正确性，如图 8−21 所示。如果存在语法错误，命令将提示具体信息。根据提示修改配置文件，重新运行"sshd −t"命令，直至无错误提示。

```
[root@kylin ssh]# sshd -t
/etc/ssh/sshd_config line 144: Deprecated option RSAAuthentication
/etc/ssh/sshd_config line 146: Deprecated option RhostsRSAAuthentication
```

图 8-21　用 sshd −t 验证配置文件

（4）重启 SSHD 守护进程。

```
[root@kylin 桌面]# systemctl restart sshd
```

（5））使用 Xshell 工具进行基于口令的远程连接。

Xshell 连接设置如图 8−22 所示。

图 8-22　Xshell 连接设置

按如图 8-23 所示的步骤进行设置后，单击"确定"按钮后，再进行连接，即可登录远程服务器。

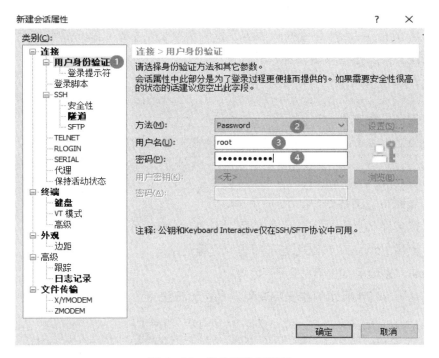

图 8-23　按步骤进行设置

8.4.3　基于密钥的认证

为了提升系统安全性，推荐生成 SSH 密钥对，并设置系统仅接受基于密钥的认证，同时禁用密码认证方式。

```
[root@kylin 桌面]# vi /etc/ssh/sshd_config
PasswordAuthentication no
```

（1）生成密钥对。

为了使用 SSH、SCP 或 SFTP 从客户端机器连接到服务器，需要为每个用户生成一对授权密钥。麒麟服务器操作系统默认使用 SSH 协议版本 2 和 RSA 密钥类型。生成 SSH 协议版本 2 的 RSA 密钥对，需要执行以下命令。

```
[root@kylin 桌面]#ssh-keygen -t rsa
Generating public/private rsa key pair.
Enter file in which to save the key (/root/.ssh/id_rsa):    //按回
车键确认新创建的密钥的默认路径，即/root/.ssh/id_rsa。
Created directory '/root/.ssh'.
Enter passphrase (empty for no passphrase):  //输入密码，为了安全起见，
不要使用登录账号的密码。
Enter same passphrase again:                    //再次输入密码
```

执行该命令后，~/.ssh/目录下将生成两个文件：id_rsa（私钥）和 id_rsa.pub（公钥）。

（2）权限设置。

默认情况下，~/.ssh/目录的权限应设置为 700（八进制），确保只有密钥的所有者能访问这些文件。检查权限设置如下。

```
[root@kylin ~]# ls -ld .ssh
drwx------ 2 root root 38  2月 14 18:33 .ssh
```

（3）复制公钥文件。

复制公钥到 authorized_keys 文件，以便服务器认证客户端。

```
[root@kylin ~]# cd .ssh
[root@kylin .ssh]# cp id_rsa.pub authorized_keys
```

（4）复制私钥文件到 Windows 系统。

将私钥文件 id_rsa 从.ssh 文件夹复制到 Windows 系统的 f:/bak 目录下。

（5）使用 Xshell 工具进行基于密钥的远程连接。

Xshell 连接设置如图 8-22 所示。

按照如图 8-24 所示的步骤完成用户身份验证设置。

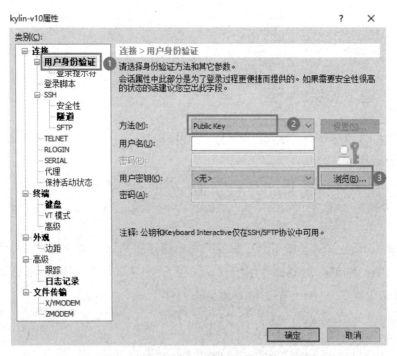

图 8-24　按照步骤完成用户身份验证设置

通过单击"浏览"按钮来导入保存的私钥文件，如图 8-25 所示。

图8-25　导入保存的私钥文件

导入指定目录 f:\bak 下的 id_rsa 文件。如果在导入私钥文件时遇到"用户密钥导入失败"的错误，请检查私钥文件格式。OpenSSH 格式的私钥文件开头和结尾如下。

```
-----BEGIN OPENSSH PRIVATE KEY-----
......
-----END OPENSSH PRIVATE KEY-----
```

（6）生成 RSA 格式的私钥文件。

如果需要生成兼容的 RSA 格式私钥文件，可以执行以下命令。

```
[root@kylin 桌面]#ssh-keygen -p -m PEM -f id_rsa
```

将生成的 id_rsa 私钥文件复制到 Windows 系统的 f:/bak 目录下。用写字板打开 id_rsa 文件，RSA 格式的私钥文件开头和结尾如下。

```
-----BEGIN RSA PRIVATE KEY-----
......
-----END RSA PRIVATE KEY-----
```

使用这种格式的私钥文件，能够顺利完成导入。

（7）基于密钥的登录。

设置完成后，进入登录界面，如图 8-26 所示，输入密码（此密码是生成密钥对时设置的密码）后单击"确定"按钮。

图8-26　基于密钥的登录界面

8.5 FTP 服务

8.5.1 FTP 服务

FTP（File Transfer Protocol，文件传输协议）是一种在互联网上进行文件传输的协议，它采用客户-服务器模式运作。FTP 默认使用两个端口：端口 20（数据端口）用于传输数据，端口 21（命令端口）用于接收客户端发出的 FTP 命令和参数。FTP 服务实现了跨网络的文件传输功能，它不受操作系统平台的限制。用户可以通过一个支持 FTP 的客户端程序连接到远程主机上的 FTP 服务器程序。用户通过客户端程序向服务器程序发送命令，服务器程序执行这些命令，并将操作结果返回给客户端。目前，麒麟服务器操作系统采用 vsftpd 作为 FTP 服务的实现。

FTP 协议包含两种工作模式。

（1）主动模式。

在主动模式下，FTP 客户端会随机打开一个大于 1024 的端口 N，并向服务器的 21 号端口发起连接，发送 FTP 用户名和密码。随后，客户端会打开 $N+1$ 号端口进行监听，并向服务器发送 PORT $N+1$ 命令，告知服务器客户端正在使用主动模式并已开放端口 $N+1$。服务器在接收到 PORT 命令后，将尝试通过其 FTP 数据端口（通常为 20）连接到客户端指定的端口 $N+1$，以完成数据传输。FTP 主动模式步骤如图 8-27 所示。

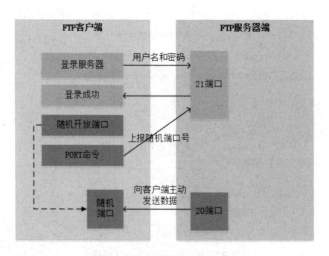

图 8-27 FTP 主动模式

（2）被动模式。

被动模式中，FTP 客户端同样会随机打开一个大于 1024 的端口 N，并向服务器的 21 号端口发起连接，发送用户名和密码进行认证。同时，客户端还会打开 $N+1$ 号端口。然后，客户端向服务器发送 PASV 命令，表明自己处于被动模式。服务器在收到 PASV 命令后，会打开一个大于 1024 的端口 P 进行监听，并通过 PORT P 命令告知客户端其数据端口为 P。客户端在收到此命令后，将通过端口 $N+1$ 连接到服务器的端口 P，然后在这两个端口之间进行数据传输。FTP 被动模式如图 8-28 所示。

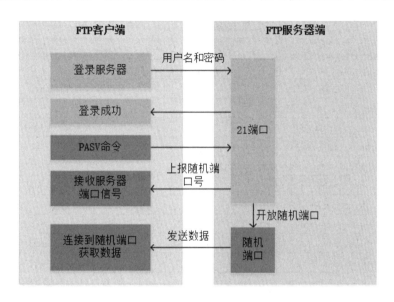

图 8-28 FTP 被动模式

FTP 的三种使用模式：匿名开放模式、本地用户模式、虚拟用户模式。

匿名开放模式：允许用户使用匿名身份连接到 FTP 服务器并访问公开的文件。

本地用户模式：要求用户使用系统账户的用户名和密码来登录 FTP 服务器。

虚拟用户模式：使用独立的用户数据库来验证用户身份，而不依赖于操作系统的用户账户。

8.5.2　准备工作

本节以 vsftpd-3.0.3-31.ky10.x86_64 版本为例，介绍 vsftpd 服务器的安装、配置与使用过程。将安装光盘插入光驱后，麒麟服务器操作系统将自动挂载光驱。

8.5.3　vsftpd 涉及的文件及目录

vsftpd 涉及的文件见表 8-7。

表 8-7　vsftpd 涉及的文件

路径	描述
/etc/vsftp/vsftpd.conf	vsftpd 主配置文件
/var/ftp/pub	用户目录

8.5.4　vsftpd 配置语法

主配置文件 vsftpd.conf 见表 8-8。

表 8-8　主配置文件 vsftpd.conf 中的配置语句

配置语句	含义
anonymous_enable=YES	开启匿名登录
anon_umask=022	设置匿名用户的 umask 值
pam_service_name=vsftpd	验证方式
connect_from_port_20=YES	启用 FTP 数据端口的数据连接
anon_upload_enable=NO	禁止匿名用户上传权限
anon_mkdir_write_enable=NO	禁止匿名用户创建目录的权限
anon_other_write_enable=NO	禁止匿名用户写权限
local_enable=YES	开放本地用户
write_enable=YES	开放本地用户的写权限
local_umask=022	设置本地用户的 umask 值
guest_enable=YES	开启虚拟用户模式
guest_username=virtual	指定虚拟用户账户
pam_service_name=vsftpd.vu	指定 PAM 文件
allow_writeable_chroot=YES	允许对禁锢的 FTP 根目录执行写入操作，而且不拒绝用户的登录请求

8.5.5　配置过程

（1）安装软件。

```
[root@kylin 桌面]#yum -y install vsftpd
```

（2）配置 vsftpd 服务。

①应用场景一：匿名用户 FTP 服务器配置。建立一个 FTP 服务器，要求匿名用户 anonymous 对/var/ftp/pub 目录具有上传、下载、删除、创建权限。

● 编辑/etc/vsftpd/vsftpd.conf 文件。

```
[root@kylin 桌面]# vi/etc/vsftpd/vsftpd.conf
anonymous_enable=YES
#开启匿名登录
anon_umask=022
#设置匿名用户的umask值022
pam_service_name=vsftpd
```

```
#验证方式
connect_from_port_20=YES
#启用FTP数据端口的数据连接
anon_upload_enable=YES
#开放匿名用户上传权限
anon_mkdir_write_enable=YES
#开放匿名用户创建目录的权限
write_enable=YES
#开放本地用户的写权限
anon_other_write_enable=YES
#开放匿名用户的更名、删除文件等权限
```

● 设置/var/ftp/pub 目录权限。

```
[root@kylin 桌面]# chmod -R 777 /var/ftp/pub
```

● 启动 vsftpd 服务。

```
[root@kylin 桌面]# systemctl restart vsftpd.service
```

● 验证结果。

在客户端通过"我的电脑"或浏览器访问 ftp://202.201.161.222，测试匿名用户的文件操作权限，如图 8-29 所示。

双击 pub 目录，匿名账户不仅可以上传、下载 pub 目录下的文件或文件夹，也能在此文件夹中修改、删除、建立文件或文件夹。

② 应用场景二：本地用户 FTP 服务器配置。创建一个本地用户 user1，设置对 /home/user1 目录具有上传、下载、删除、创建的权限。

图 8-29　匿名访问 FTP 服务器

● 编辑/etc/vsftpd/vsftpd.conf 文件。

```
[root@kylin 桌面]#vi /etc/vsftpd/vsftpd.conf
local_enable=YES
#开放本地用户登录
anonymous_enable=NO
#禁止匿名登录
write_enable=YES
```

```
#开放本地用户的写权限
local_umask=022
#设置本地用户的umask值022
```

● 创建本地用户。

```
[root@kylin 桌面]# useradd user1
[root@kylin 桌面]# passwd user1
```

● 启动 vsftpd 服务。

```
[root@kylin 桌面]# systemctl restart vsftpd.service
```

● 验证结果。

在客户端通过"我的电脑"，使用"ftp://202.201.161.222"登录，测试本地用户 user1 的文件操作权限。"登录身份"对话框如图 8-30 所示。

图 8-30　"登录身份"对话框

本地用户 user1 默认登录到该用户目录，可以上传、修改、删除、建立文件或文件夹。

8.6　NFS 服务

NFS，即 Network File System（网络文件系统），是 FreeBSD 支持的多种文件系

统之一。它使得网络中的计算机能够彼此共享资源。通过 NFS，本地客户端能够以透明的方式读写位于远程 NFS 服务器上的文件，就如同访问存储在本地的文件一样。作为一个在应用层上运行的协议，NFS 经历了多年的发展和优化，它不仅适用于局域网（LAN），也适用于广域网（WAN）。NFS 的另一个显著特点是它与操作系统和硬件平台无关，因此可以在多样化的计算机系统和平台上无缝运行。

8.6.1 NFS 工作原理

NFS 是基于 RPC（Remote Procedure Call Protocol，远程过程调用）实现的。RPC 遵循客户–服务器模式。在这个模式下，客户端的请求进程会发送一个包含过程参数的调用信息给服务器端的服务进程，并等待服务器的响应。服务器端的进程则保持等待状态，直到接收到客户端的调用信息。一旦接收到调用信息，服务器将提取参数，执行计算，然后将结果以响应信息的形式发送回客户端。客户端进程接收到响应信息后，将获得所需的进程结果，并继续执行后续操作。NFS 工作原理如图 8-31 所示。

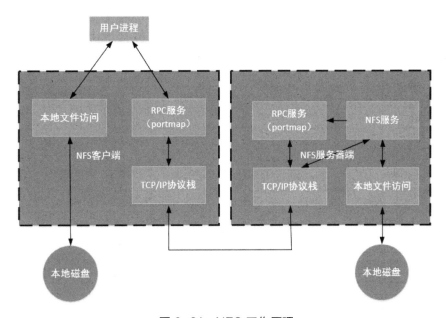

图 8-31　NFS 工作原理

8.6.2 准备工作

在安装 NFS 服务之前，需要确保系统的防火墙和 SELinux 已关闭。

```
    [root@kylin 桌面]# systemctl stop firewalld.service
    [root@kylin 桌面]# sed -i "s/SELinux=enforcing/SELinux=disabled/g"
/etc/selinux/config  //修改配置文件，使其永久关闭SELinux，重启系统后生效
```

```
[root@kylin 桌面]# setenforce 0   //将运行模式设置为Permissive，即临时关
```
闭SELinux，重启系统后失效

8.6.3 配置过程

（1）安装软件。安装 NFS 服务和相关工具，可以通过以下命令完成。

```
[root@kylin 桌面]# yum install -y nfs-utils
[root@kylin 桌面]# yum install -y rpcbind
```

（2）配置服务端。

①创建共享目录。

```
[root@kylin 桌面]# mkdir /home/share
```

②更改共享目录权限

```
[root@kylin 桌面]# chmod 755 -R /home/share
```

③编辑 exports 文件。

```
[root@kylin 桌面]# vim /etc/exports
```

④在文件中添加以下配置。

```
/home/share *(rw, no_root_squash, no_all_squash, sync,
no_subtree_check)
```

具体 NFS 参数及含义见表 8-9。

表 8.9　具体 NFS 参数及含义

NFS 选项	功能描述
ro	只读共享
rw	读写共享
sync	同步写操作
async	异步写操作
wdelay	延迟写操作
root_squash	屏蔽远程用户 root 权限
no_root_squash	不屏蔽远程用户 root 权限
all_squash	屏蔽所有远程用户权限
no_all_squash	不屏蔽远程用户权限
subtree_check	检查父目录的权限
no_subtree_check	不检查父目录的权限

这行配置的含义如下。

/home/share：指定要共享的目录。

*：表示任何客户端都可以访问此共享目录。

rw：表示客户端可以读写此共享目录。

sync：确保数据同步写入内存和硬盘。

no_root_squash：如果 NFS 客户端以 root 用户身份连接，将保留 root 权限。

no_subtree_check：不检查父目录的权限。

为使配置生效，可执行以下命令。

```
[root@kylin 桌面]# exportfs -r
```

④设置开机启动服务，确保 rpcbind 和 NFS 服务在系统启动时自动启动。

```
[root@kylin 桌面]#systemctl enable rpcbind
[root@kylin 桌面]#systemctl start rpcbind
[root@kylin 桌面]#systemctl enable nfs
[root@kylin 桌面]#systemctl start nfs
```

⑤查看验证。使用以下命令查看共享目录信息，以验证 NFS 配置。

```
[root@kylin 桌面]#showmount -e localhost
```

查看验证本地 NFS 服务器如图 8-32 所示。

```
[root@kylin etc]# showmount -e localhost
Export list for localhost:
/home/share *
```

图 8-32　查看验证本地 NFS 服务器

（3）配置客户端。

①Linux 客户端挂载 NFS。

在 Linux 客户端挂载 NFS 共享，首先需要查看服务端的 NFS 导出列表，可以使用以下命令来查看。

```
[root@localhost ~]# showmount -e 202.201.165.182    //202.201.165.182
为服务端IP地址
```

执行结果应展示服务端允许挂载的共享目录，如图 8-33 所示。

```
[root@localhost ~]# showmount -e 202.201.165.182
Export list for 202.201.165.182:
/home/share *
```

图 8-33　查看验证 NFS 服务器

● 在客户端上创建挂载点并挂载 NFS 共享。

```
[root@kylin 桌面]# mkdir /share
```

使用以下命令将服务器端的共享目录挂载到客户端的指定目录。

```
[root@kylin 桌面]# mount 202.201.165.182:/home/share /share
```

● 查看挂载情况。

```
[root@kylin 桌面]# df -h
Filesystem                      Size  Used   Avail  Use%  Mounted on
202.201.165.182:/home/share     92G   17G    76G   18%   /share
```

● 自动挂载。

自动挂载格式为"服务器端 IP:/home/share nfs defaults,_netdev 0 0"。

```
#vim /etc/fstab
/dev/mapper/centos-root /        xfs       defaults       0 0
UUID=c7b7891a-5f9f-4e4e-8165-e5b470065e7f  /boot  xfs  defaults
0 0
/dev/mapper/centos-home /opt     xfs       defaults       0 0
/dev/mapper/centos-swap swap     swap      defaults       0 0
202.201.165.182:/home/share     nfs      defaults,_netdev 0 0
```

②Windows 客户端挂载 NFS。

在 Windows 客户端上挂载 NFS 共享，首先需要启用 NFS 客户端功能。

● 打开控制面板，单击"程序"→"启用或关闭 Windows 功能"选项，在打开的"Windows 功能"窗口中单击"NFS 服务"选项，勾选"NFS 客户端"复选框，即可开启 Windows NFS 客户端服务。

● 按 Win+R 组合键，打开"运行"对话框，在"打开"对话框中输入"cmd"，打开"命令提示符"窗口，在该窗口中输入以下命令。

```
C:\Windows\system32>showmount -e 202.201.165.182
C:\Windows\system32>mount 202.201.165.182:/home/share X:
```

成功挂载后，打开"我的电脑"，即可在网络位置看到新挂载的 X 盘。

8.7 NTP 服务

网络时间协议（NTP）是 TCP/IP 协议族的应用层协议之一，它用于实现客户端和服务器之间的时钟同步，并提供高精度的时间校正服务。NTP 服务器从权威的时钟源（如原子钟或 GPS）获取精确的协调世界时（UTC），客户端则从 NTP 服务器请求并接收时间信息。

NTP 基于 UDP 进行数据传输，默认使用 UDP 端口 123。

8.7.1 时钟同步的重要性

精确的时间同步在网络中至关重要，原因包括但不限于以下几点。

（1）网络管理：分析来自不同网络设备的日志信息时，时间是关键的参照依据。系统时间的不一致会导致故障定位困难，因为无法确定事件的先后顺序。

（2）计费系统：计费业务对时间的准确性要求极高，所有设备的时间必须同步，否则会导致计费不准确，可能引起用户的质疑和投诉。

（3）协同处理：在多个系统协同处理复杂事件时，为保证正确的执行顺序，各系统必须依据统一的时间标准。

（4）系统时间：某些应用或服务需要准确的时间来记录用户登录、交易等操作信息，以确保记录的可追溯性。

8.7.2 配置过程

（1）服务器端。

① 安装软件包。

```
[root@kylin 桌面]# yum -y install ntp
[root@kylin 桌面]# yum -y install ntpstat
```

② 配置文件 ntp.conf。

NTP 守护进程 ntpd 在系统启动或重启时读取/etc/ntp.conf 配置文件。以下是一些关键参数的说明。

driftfile 参数：指定 drift 文件的路径，该文件记录系统时间频率与 UTC 时钟源频率的偏差。

```
    driftfile /var/lib/ntp/drift   //设置drift文件路径,记录系统时间频率与UTC
时钟源频率的偏移量
```

restrict：用于控制对 NTP 服务的访问权限。

```
    restrict default nomodify notrap nopeer noquery  //对默认的客户端拒绝
所有操作
    restrict 192.168.174.0 mask 255.255.255.0 nomodify notrap //给予特
定网段相应权限
```

nomodify：阻止修改配置文件。

notrap：防止 NTP 陷阱消息。

nopeer：防止建立 peer 联合。

noquery：阻止 NTP 查询。

server：指定要同步时间的服务器。

```
    server ntp.ali***.com [prefer] iburst  //以阿里云时间服务器同步
    server 127.127.1.0   //当无法访问外网时,以当前服务器为时间同步服务器
    fudge 127.127.1.0 stratum 10          //fudge设置层级关系。
    [root@kylin 桌面]# vim /etc/ntp.conf
    restrict default nomodify notrap nopeer noepeer noquery
    # Permit association with pool servers.
    restrict source nomodify notrap noepeer noquery
    # Permit all access over the loopback interface.  This could
    # be tightened as well, but to do so would effect some of
    # the administrative functions.
    restrict 127.0.0.1
```

```
        restrict ::1
        restric 172.16.98.128 mask 255.255.255.224 nomodify notrap
        # Hosts on local network are less restricted.
        # restrict 192.168.1.0 mask 255.255.255.0 nomodify notrap
        # Use public servers from the pool.ntp.org project.
        # Please consider joining the pool
(http://www.****.ntp.org/join.html).
        # pool 2.kylin.pool.ntp.org iburst
        server ntp.ali***.com iburst
        server 127.127.1.0
        # Reduce the maximum number of servers used from the pool.
        tos maxclock 5
        # Enable public key cryptography.
        # crypto
        includefile /etc/ntp/crypto/pw
        # Key file containing the keys and key identifiers used when operating
        # with symmetric key cryptography.
        keys /etc/ntp/keys
```

③设置开机启动服务。

```
[root@kylin 桌面]#systemctl enable ntpd
[root@kylin 桌面]#systemctl start ntpd
```

④检测与服务器是否同步。

```
[root@kylin 桌面]#ntpstat
```

ntpstat 执行结果如图 8-34 所示。

```
[root@kylin /]# ntpstat
synchronised to NTP server (203.107.6.88) at stratum 3
    time correct to within 988 ms
```

图 8-34　ntpstat 执行结果

⑤设置防火墙。

```
[root@kylin 桌面]#firewall-config
```

为了能够让配置生效，确保"配置"下拉菜单已设置为"运行时"，单击"添加"按钮，如图 8-35 所示。在弹出的"端口和协议"对话框中，将"端口/端口范围"设为 123，"协议"设为 udp，然后单击"确定"按钮，如图 8-36 所示。

图 8-35　设置防火墙

图 8-36　设置防火墙的端口与协议

（2）客户端。

①Linux 平台。

● 要在 Linux 平台上与 NTP 服务器同步时间，首先需要安装 ntpdate 工具。

```
[root@kylin 桌面]#yum -y install ntpdate
```

● 运行 ntpdate，客户端 ntpdate 运行结果如图 8-37 所示。

```
[root@mail ~]# ntpdate 202.201.165.182
5 Mar 12:23:53 ntpdate[81545]: adjust time server 202.201.165.182 offset -0.006463 sec
```

图 8-37　客户端 ntpdate 运行结果

由于 ntpdate 只在执行时与服务器同步，为了定期同步，需要将其添加到 crontab 定时任务中。

● 修改/etc/crontab 文件。

```
[root@kylin 桌面]#vim /etc/crontab
0 */2 * * * /usr/sbin/ntpdate 202.201.169.182    //每两小时与NTP服务器
同步一次。
```

②Windows 平台。

打开控制面板，单击"时钟和区域"→"设置时间和日期"选项,打开"日期和时间对话框"，在"Internet 时间"选项卡中单击"更改设置"按钮，打开"Internet 时间设置"对话框，如图 8-38 所示。

图 8-38 设置日期 NTP 服务器

按图 8-38 进行相应设置，然后单击"立即更新"按钮，出现与 NTP 服务器同步成功的界面，如图 8-39 所示。

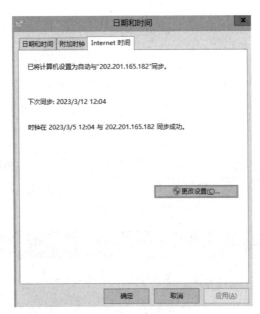

图 8-39 与 NTP 服务器同步成功

------------------ ✎ **章节检测** ------------------

1. 在浏览器的地址栏中输入网站地址"www.hxedu.com.cn",简述访问的全过程。

2. 在麒麟服务器操作系统上安装 Web 服务,用测试页进行测试;以基于域名的虚拟主机方式实现在一台 Web 服务器上运行两个站点。

3. 互联网的域名结构是怎么样的?

4. 域名系统的主要功能是什么?域名系统中的根域名服务器、顶级域名服务器、权限域名权服务器和本地域名服务器有何区别?

5. 以访问 www.hxedu.com.cn 网站为例,说明域名转换的过程。

6. 在麒麟服务器操作系统上安装 DNS 服务,并完成测试。

7. DHCP 用在什么情况下呢?

8. 讲述 DHCP 详细工作流程。

9. 在麒麟服务器操作系统上安装 DHCP 服务,并完成测试。

10. 在网络管理中,为何 SSH 能够取代 telnet?

11. 在麒麟服务器操作系统上安装 SSH 服务,并完成测试。

12. FTP 采用哪两种工作模式?分别叙述其工作过程。

13. 在麒麟服务器操作系统上安装 FTP 服务,创建一个本地用户,赋予其对目录具有上传、下载、删除、创建的权限。

14. 简述 NFS 的工作原理。

15. 在麒麟服务器操作系统上安装 NFS 服务,并完成测试。

16. 在计算机网络中,简述时钟同步的重要性。

17. 在麒麟服务器操作系统上安装 NTP 服务,并完成测试。

附录 A

麒麟服务器操作系统 yum 命令的使用

　　麒麟服务器操作系统的软件安装常用的有三种方式：rpm 命令安装、yum 源安装和源码编译安装。

　　rpm 命令用于安装特定的 rpm 软件包。如果该包不依赖其他包，安装过程相对简单，只需指定包名即可。若依赖其他包，则需要根据提示，找到并安装所需的依赖包。

　　yum 源安装同样需要安装 rpm 包，但它有效解决了软件包依赖的问题。yum 是一个 Shell 前端的软件包管理器，广泛用于 Fedora、Red Hat、CentOS 和麒麟服务器操作系统中。Yum 能够自动从指定服务器下载 RPM 包并安装，自动处理依赖关系，并一次性安装所有依赖的软件包，避免反复下载和安装的烦琐步骤。

　　银河麒麟官网提供免费试用的软件包，打开银河麒麟官网，填上相应信息后提交。提交成功后会转到下载页面，根据 CPU 架构选择想要下载的安装包。文件是 ISO（光盘的镜像文件）文件。通过刻录软件，可以直接把 ISO 文件刻录成要安装的系统光盘。

　　如果使用本地光盘或镜像文件安装，则需要配置相关文件，操作步骤如下。

　　（1）插入光盘或镜像文件。

　　（2）在服务器本地创建文件夹，创建挂载点。

```
[root@kylin 桌面]#mkdir /mnt/cdrom
```

　　（3）挂载光盘。

```
[root@kylin 桌面] mount /dev/sr0 /mnt/cdrom/
```

　　（4）进入 yum.repos.d 目录并查看文件。

```
[root@kylin 桌面]# cd /etc/yum.repos.d/
[root@kylin yum.repos.d]# ls
Kylin_x86_64.repo
```

　　（5）创建文件夹。

```
[root@kylin yum.repos.d]# mkdir bak
```

　　（6）移动文件 Kylin_x86_64.repo 到 bak 文件夹中。

```
[root@kylin yum.repos.d]#mv Kylin_x86_64.repo bak
```

　　（7）编辑 yum 的本地镜像源。

　　配置文件的后缀为 repo。

```
[root@kylin yum.repos.d]# vi swd.repo
[dvd]
name=swd                #对yum源描述信息
baseurl=file:///mnt/cdrom  #yum源的路径
enable=1                #启用yum源
gpgcheck=0              #使用公钥检验rpm的正确性
```

　　（8）清除 yum 缓存。

```
[root@kylin yum.repos.d]# yum clean all
```

　　（9）安装相应软件。

```
[root@kylin yum.repos.d]# yum -y install dhcp
```

　　（10）常见 yum 命令。

yum install softwarename：安装软件。

yum repolist：列出设定 yum 源的信息。

yum remove softwarename：卸载软件。

yum list softwarename：查看软件源中是否有此软件。

yum list all：列出所有软件名称。

yum list installd：列出已经安装的软件名称。

yum list available：列出可以用 yum 安装的软件名称。

yum clean all：清空 yum 缓存。

yum search softwarename：根据软件信息搜索软件名字。

yum whatprovides filename：在 yum 源中查找包含 filename 文件的软件包。

yum update：更新软件。

yum history：查看系统软件改变历史。

yum reinstall softwarename：重新安装。

yum info softwarename：查看软件信息。

yum groups list：查看软件组信息。

yum groups info softwaregroup：查看软件组内包含的软件。

yum groups install softwaregroup：安装组件。

（11）yum 彻底卸载软件包（包含依赖）。

yum 命令安装软件包时会自动安装依赖包，但 yum remove 子命令只卸载该软件包而不能卸载依赖包。

如果需要删除安装时自动安装的依赖包，则可以使用 yum history 子命令回滚安装事务，以达到删除依赖包的目的。

具体操作步骤如下。

①查看 yum 操作（事务）历史。

```
[root@kylin 桌面]#yum history
```

执行结果如图附录 A-1 所示，从左至右信息分别为事务 ID、登录用户、安装时间、操作类型、依赖的包数量。

```
[root@localhost /]# yum history
Loaded plugins: fastestmirror
ID     | Login user               | Date and time    | Action(s)     | Altered
-------------------------------------------------------------------------------
    12 | System <unset>           | 2023-02-22 19:55 | Install       |     16
    11 | System <unset>           | 2022-12-23 13:21 | Install       |      1
    10 | System <unset>           | 2022-12-20 15:48 | Install       |      1
     9 | System <unset>           | 2022-12-20 15:47 | Install       |     11 EE
     8 | System <unset>           | 2022-12-20 15:37 | I, U          |     12
     7 | System <unset>           | 2022-12-12 10:42 | Install       |      4
     6 | root <root>              | 2022-07-14 13:33 | Install       |      1 <
     5 | root <root>              | 2022-07-14 13:33 | I, U          |     15 >
     4 | root <root>              | 2022-07-14 13:33 | Install       |      2
     3 | root <root>              | 2022-07-14 13:30 | Install       |      2
     2 | root <root>              | 2022-07-14 11:12 | I, U          |     43
     1 | System <unset>           | 2022-07-14 00:51 | Install       |    301
history list
```

图附录 A-1　执行结果 1

②查看某个事务详细信息。

```
[root@kylin 桌面]#yum history info 12
```

执行结果如图附录 A-2 所示。

```
[root@localhost /]# yum history info 12
Loaded plugins: fastestmirror
Transaction ID : 12
Begin time      : Wed Feb 22 19:55:41 2023
Begin rpmdb     : 376:8717fb70af90870c2e7c463e258321b0ea187286
End time        :          19:55:43 2023 (2 seconds)
End rpmdb       : 392:2062e67873092c7efdfec3fa712902649c403d04
User            : System <unset>
Return-Code     : Success
Command Line    : -y install showmount
Transaction performed with:
    Installed    rpm-4.11.3-45.el7.x86_64                      @anaconda
    Installed    yum-3.4.3-168.el7.centos.noarch               @anaconda
    Installed    yum-plugin-fastestmirror-1.1.31-54.el7_8.noarch @anaconda
Packages Altered:
    Dep-Install gssproxy-0.7.0-30.el7_9.x86_64        @updates
    Dep-Install keyutils-1.5.8-3.el7.x86_64           @base
    Dep-Install libbasicobjects-0.1.1-32.el7.x86_64   @base
    Dep-Install libcollection-0.7.0-32.el7.x86_64     @base
    Dep-Install libevent-2.0.21-4.el7.x86_64          @base
    Dep-Install libini_config-1.3.1-32.el7.x86_64     @base
    Dep-Install libnfsidmap-0.25-19.el7.x86_64        @base
    Dep-Install libpath_utils-0.2.1-32.el7.x86_64     @base
    Dep-Install libref_array-0.1.5-32.el7.x86_64      @base
    Dep-Install libtirpc-0.2.4-0.16.el7.x86_64        @base
    Dep-Install libverto-libevent-0.2.5-4.el7.x86_64  @base
    Install      nfs-utils-1:1.3.0-0.68.el7.2.x86_64  @updates
    Dep-Install quota-1:4.01-19.el7.x86_64            @base
    Dep-Install quota-nls-1:4.01-19.el7.noarch        @base
    Dep-Install rpcbind-0.2.0-49.el7.x86_64           @base
    Dep-Install tcp_wrappers-7.6-77.el7.x86_64        @base
history info
```

图附录 A-2　执行结果 2

③回滚事务（删除）。

```
[root@kylin 桌面]#yum history undo 12
```

执行结果如图附录 A-3 所示。

```
Removed:
  gssproxy.x86_64 0:0.7.0-30.el7_9        keyutils.x86_64 0:1.5.8-3.el7        libbasicobjects.x86_64 0:0.1.1-32.el7 libcollection.x86_64 0:0.7.0-32.el7 libevent.x86_64 0:2.0.21-4.el7
  libini_config.x86_64 0:1.3.1-32.el7     libnfsidmap.x86_64 0:0.25-19.el7     libpath_utils.x86_64 0:0.2.1-32.el7    libref_array.x86_64 0:0.1.5-32.el7  libtirpc.x86_64 0:0.2.4-0.16.el7
  libverto-libevent.x86_64 0:0.2.5-4.el7 nfs-utils.x86_64 1:1.3.0-0.68.el7.2 quota.x86_64 1:4.01-19.el7              quota-nls.noarch 1:4.01-19.el7      rpcbind.x86_64 0:0.2.0-49.el7
  tcp_wrappers.x86_64 0:7.6-77.el7

Complete!
```

图附录 A-3　执行结果 3

附录 B

远程连接服务器的两种方法

连接安装有麒麟服务器操作系统的服务器的常见方法如下。

命令行方式：SSH 远程。

图形化方式：VNC 远程。

1. SSH 远程

（1）服务器端。

① 确认 SSHD 服务处于运行状态。

```
[root@localhost ~]# systemctl status sshd
```

执行结果如图附录 B-1 所示。

```
[root@kylin ~]# systemctl status sshd
● sshd.service - OpenSSH server daemon
   Loaded: loaded (/usr/lib/systemd/system/sshd.service; enabled; vendor preset: enabled)
   Active: active (running) since Fri 2023-02-24 12:23:56 CST; 2 weeks 2 days ago
     Docs: man:sshd(8)
           man:sshd_config(5)
 Main PID: 1949 (sshd)
    Tasks: 1
   Memory: 2.9M
   CGroup: /system.slice/sshd.service
           └─1949 sshd: /usr/sbin/sshd -D [listener] 0 of 10-100 startups

3月 09 19:02:05 kylin sshd[1262977]: pam_unix(sshd:session): session opened for user root(uid=0) by (uid=0)
3月 09 19:02:05 kylin sshd[1262977]: User child is on pid 1263078
3月 13 10:56:09 kylin sshd[1608356]: rexec line 144: Deprecated option RSAAuthentication
3月 13 10:56:09 kylin sshd[1608356]: rexec line 146: Deprecated option RhostsRSAAuthentication
3月 13 10:56:09 kylin sshd[1608356]: Connection from 172.16.98.133 port 51734 on 202.201.165.182 port 22 rdomain ""
3月 13 10:56:09 kylin sshd[1608356]: reprocess config line 144: Deprecated option RSAAuthentication
3月 13 10:56:09 kylin sshd[1608356]: reprocess config line 146: Deprecated option RhostsRSAAuthentication
3月 13 10:56:09 kylin sshd[1608356]: Accepted password for root from 172.16.98.133 port 51734 ssh2
3月 13 10:56:10 kylin sshd[1608356]: pam_unix(sshd:session): session opened for user root(uid=0) by (uid=0)
3月 13 10:56:10 kylin sshd[1608356]: User child is on pid 1608369
```

图附录 B-1　执行结果 1

② 确认防火墙已经放行 SSH 服务。

```
[root@localhost ~]# firewall-cmd --list-all
```

执行结果如图附录 B-2 所示。

```
[root@kylin ~]# firewall-cmd --list-all
public (active)
  target: default
  icmp-block-inversion: no
  interfaces: ens160
  sources:
  services: cockpit dhcpv6-client mdns ssh
  ports: 123/udp
  protocols:
  masquerade: no
  forward-ports:
  source-ports:
  icmp-blocks:
  rich rules:
```

图附录 B-2　执行结果 2

上图表明已经放行 SSH 服务。如果系统没有放行 SSH 服务，或者 SSH 端口号被修改，则需要重新放行 SSH 服务或新的 SSH 端口号。

③ 防火墙设置放行 SSH 服务。

```
[root@localhost ~]#firewall-cmd --add-service=ssh
```

防火墙放行服务时，会自动放行 SSH 服务所用到的默认端口。若端口修改，则会需要放行相应端口。

```
[root@localhost ~]#firewall-cmd --zone=public --add-port=22/tcp -
permanent
```

④ 加载或更新防火墙命令。

若执行了③，需要执行加载或更新防火墙命令。

```
[root@localhost ~]# firewall-cmd --reload
```

更新反馈值：success（成功）。添加或删除的规则会立刻生效。

（2）客户端。

① Windows 系统。

推荐使用 Xshell 软件。在软件菜单栏中单击"文件"→"新建"选项，打开"新建会话属性"对话框，如图附录 B-3 所示，在对话框中进行相应设置即可。

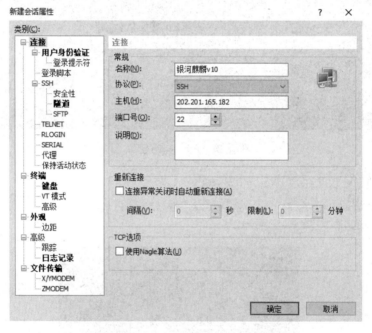

图附录 B-3　"新建会话属性"对话框

② 麒麟桌面操作系统。

当客户端安装的是麒麟桌面操作系统时，可直接打开"终端"窗口，输入"ssh root@IP 地址"，按回车键后将远程登录到麒麟服务器操作系统。

```
[root@localhost ~]# ssh root@202.201.165.182
```

2. VNC 远程

VNC 主要分为 VNC Viewer 和 VNC Server，VNC Server 安装在服务器端，VNC Viewer 安装客户端。

麒麟服务器系统中自带 tigervnc-server，可以直接用 yum 安装。

（1）服务器端。

① 安装 TigerVNC 服务端组件。

```
[root@localhost ~]# yum -y install tigervnc-server
```

② 创建 VNC 会话服务，用于后续设置开机自启等功能。

```
[root@localhost ~]# cp /usr/lib/systemd/system/vncserver@.service
/etc/systemd/system/vncserver@:1.service
```

注意：这里 "vncserver@:1.service" 中的 "@:1" 代表第 1 个 VNC session（VNC 会话），其对应监听的端口号为 5901。当然，也可以添加第 2 个 VNC session，其服务文件为 "/etc/systemd/system/vncserver@:2.service"，对应监听的端口号为 5902。再添加的 VNN session 以此类推。

③ 修改 VNCServer 会话服务文件。

```
[root@localhost ~]# vim /etc/systemd/system/vncserver@:1.service
```

注意：这里只需要将 VNC 会话服务文件内容中的 "<USER>" 字段替换为需要的远程账户名，以服务器操作系统中的账户 kylin 为例。

修改前：

```
[Unit]
Description=Remote desktop service (VNC)
After=syslog.target network.target
[Service]
Type=forking
WorkingDirectory=/home/<USER>
User=<USER>
Group=<USER>
PIDFile=/home/<USER>/.vnc/%H%i.pid
ExecStartPre=/bin/sh -c '/usr/bin/vncserver -kill %i > /dev/null 2>&1
|| :'
ExecStart=/usr/bin/vncserver -autokill %i
ExecStop=/usr/bin/vncserver -kill %i
Restart=on-success
RestartSec=15
[Install]
WantedBy=multi-user.target
```

修改后：

```
[Unit]
Description=Remote desktop service (VNC)
After=syslog.target network.target
[Service]
Type=forking
WorkingDirectory=/home/kylin
```

```
User=kylin
Group=kylin
PIDFile=/home/kylin/.vnc/%H%i.pid
ExecStartPre=/bin/sh -c '/usr/bin/vncserver -kill %i > /dev/null 2>&1
|| :'
ExecStart=/usr/bin/vncserver -autokill %i
ExecStop=/usr/bin/vncserver -kill %i
Restart=on-success
RestartSec=15
[Install]
WantedBy=multi-user.target
```

④ 切换到 VNC 会话连接账户（以 kylin 为例），并设置 VNC 连接密码。

```
[root@localhost ~]# su kylin
[kylin@localhost root]$ vncpasswd
```

设置或修改当前用户的 VNC 登录密码，输入的密码不会显示出来，正常输入并回车。是否输入"仅查看"的密码，输入"n"，如图附录 B-4 所示。

```
[root@kylin ~]# su kylin
[kylin@kylin root]$ vncpasswd
Password:
Verify:
Would you like to enter a view-only password (y/n)? n
```

图附录 B-4　设置 VNC 连接密码

⑤切换回 root 账户，重新加载 VNC 会话服务，并设置开机自启。

```
[root@localhost ~]# systemctl daemon-reload
```

daemon-reload：重新加载某个服务的配置文件，如果新安装了一个服务，归属于 systemctl 管理，若使服务的配置文件生效，则需重新加载。

```
[root@localhost ~]# systemctl enable --now vncserver@:1.service
```

VNCServer 服务设置成开机启动。

```
[root@localhost ~]# systemctl start vncserver@:1.service
```

启动 VNCServer 进程。

```
[root@localhost ~]#systemctl status vncserver@:1.service
```

⑥ 防火墙放行 VNC 会话服务监听端口，如图附录 B-5 所示。

```
[root@localhost ~]# firewall-cmd --add-port=5901/tcp --permanent
[root@localhost ~]# firewall-cmd --add-port=5901/udp --permanent
[root@localhost ~]# firewall-cmd -reload
```

```
[root@kylin ~]# firewall-cmd --add-port=5901/tcp --permanent
success
[root@kylin ~]# firewall-cmd --add-port=5901/udp --permanent
success
[root@kylin ~]# firewall-cmd --reload
success
```

图附录 B-5　防火墙放行 VNC 会话服务监听端口

（2）客户端。

当客户端为 Windows 系统时，推荐安装 VNC Viewer 软件来远程登录到 VNC 服务端。

在 VNC Viewer 软件菜单栏中单击"文件"→"新连接"选项，在弹出的窗口中设置 VNC Server 为"202.201.165.182:5901"，Name 为"银河麒麟 V10"，然后单击"OK"按钮即可，如图附录 B-6 所示。

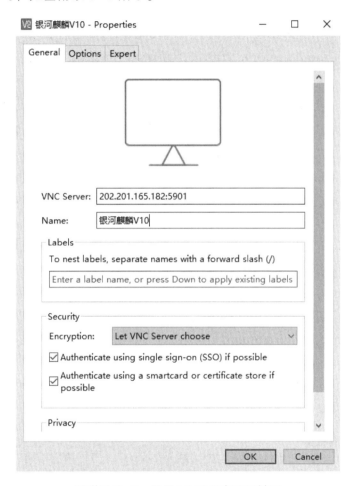

图附录 B-6　设置 VNC 服务器及端口

反侵权盗版声明

电子工业出版社依法对本作品享有专有出版权。任何未经权利人书面许可，复制、销售或通过信息网络传播本作品的行为；歪曲、篡改、剽窃本作品的行为，均违反《中华人民共和国著作权法》，其行为人应承担相应的民事责任和行政责任，构成犯罪的，将被依法追究刑事责任。

为了维护市场秩序，保护权利人的合法权益，我社将依法查处和打击侵权盗版的单位和个人。欢迎社会各界人士积极举报侵权盗版行为，本社将奖励举报有功人员，并保证举报人的信息不被泄露。

举报电话：（010）88254396；（010）88258888

传　　真：（010）88254397

E-mail：　　dbqq@phei.com.cn

通信地址：北京市万寿路 173 信箱

　　　　　电子工业出版社总编办公室

邮　　编：100036

服务器操作系统配置与管理
（麒麟版）

案例手册

CONTENTS 目 录

案例 **1**

银河麒麟内网源服务器部署

1.1 案例背景

为了确保企业信息化安全，根据相关规定，企业内部关键业务服务器不得连接互联网。为满足 IT 运维人员的日常运维需求，在无互联网环境下实现关键业务服务器的正常部署、维护与更新，现需要在企业内部搭建一台麒麟服务器操作系统的源服务器，以供内网使用。

1.2 对应正文

本案例是主教材"附录 A：麒麟服务器操作系统 yum 命令的使用"与"第 8 章 第 1 节：Web 服务"内容的综合应用案例，涵盖了 yum 命令及 dnf 命令的使用，这是掌握银河麒麟服务器操作系统应用部署的重要基础知识。

1.3 环境准备

在无互联网环境中部署本地源服务器，需要满足以下前提条件。

1. 互联网访问权限

为确保后期能够脱离互联网使用，需要先从互联网下载必要的文件和数据资料。本地源服务器可临时获取互联网访问权限，部署完成后再脱离互联网使用。同时，也可设置在安全区，使其拥有互联网访问权限，而其他无此权限的主机则需要通过本地源服务器获取资源。

2. 存储空间

麒麟服务器操作系统的本地源服务器至少需要 30GB 的存储空间，建议预留不小于 100GB 的存储空间，以备未来更新之需。

1.4 部署本地源服务器

1. 更新操作系统

首先，需要将操作系统更新至最新版本。使用 yum 命令进行更新，并加入 "-y" 参数以自动执行所有操作，避免交互确认。

```
# 清除 YUM 缓存
[root@Test-KylinOS-01 ~]$ sudo yum clean all
# 创建 YUM 缓存
[root@Test-KylinOS-01 ~]$ sudo yum clean all
# 更新系统
[root@Test-KylinOS-01 ~]$ sudo yum update -y
```

麒麟服务器操作系统支持 dnf 命令，可使用 dnf 命令进行更新。

```
# 清除 DNF 缓存
[root@Test-KylinOS-01 ~]$ sudo dnf clean all
# 创建 DNF 缓存
[root@Test-KylinOS-01 ~]$ sudo dnf makecache
# 更新系统
[root@Test-KylinOS-01 ~]$ sudo dnf update -y
```

2. 安装必要组件

部署本地源服务器需要两个组件，分别是同步源服务器仓库元数据的 reposync 组件和创建源服务器仓库元数据的 createrepo 组件。

由于麒麟服务器操作系统已经内置了"reposync"组件，此时仅需要安装 createrepo 组件即可，命令如下。

```
# 安装 createrepo 组件
[root@Test-KylinOS-01 ~]$ yum install -y createrepo
```

安装必要组件的执行结果如图 1-1 所示。

```
总计                                                     92 kB/s | 196 kB      00:02
运行事务检查
事务检查成功。
运行事务测试
事务测试成功。
运行事务
  准备中  :                                                                    1/1
  安装   : drpm-0.5.0-1.ky10.x86_64                                             1/2
  安装   : createrepo_c-0.16.0-3.p01.ky10.x86_64                               2/2
  运行脚本: createrepo_c-0.16.0-3.p01.ky10.x86_64                               2/2
  验证   : createrepo_c-0.16.0-3.p01.ky10.x86_64                               1/2
  验证   : drpm-0.5.0-1.ky10.x86_64                                            2/2

已安装:
  createrepo_c-0.16.0-3.p01.ky10.x86_64            drpm-0.5.0-1.ky10.x86_64

完毕！
```

图 1-1 安装必要组件的执行结果

1.5 同步互联网源服务器数据

完成本地源服务器基本部署后，即可开始同步互联网上的银河麒麟官方源服务器数据。

1. 创建存储源服务器仓库的文件夹

创建一个存储源服务器仓库的文件夹，并确保有足够的磁盘空间。

```
# 创建存储源服务器仓库的文件夹
[root@Test-KylinOS-01 ~]$ mkdir -p /data/www/
```

2. 同步数据到本地文件夹

将官方源服务器的数据同步至新创建的文件夹。

```
# 同步官方源服务器的数据到本地文件夹
[root@Test-KylinOS-01 ~]$ reposync -p /data/www/
```

同步数据到本地文件夹的执行结果如图 1-2 所示。

```
(3068/3088): xorg-x11-server-1.20.8-10.p09.ky10.x86_64.rpm            6.9 MB/s | 5.9 MB    00:00
(3069/3088): xorg-x11-server-Xephyr-1.20.8-10.p07.ky10.x86_64.rpm     2.6 MB/s | 952 kB    00:00
(3070/3088): xorg-x11-server-Xephyr-1.20.8-10.p08.ky10.x86_64.rpm     2.8 MB/s | 952 kB    00:00
(3071/3088): xorg-x11-server-Xephyr-1.20.8-10.p09.ky10.x86_64.rpm     5.0 MB/s | 951 kB    00:00
(3072/3088): xorg-x11-server-devel-1.20.8-10.p07.ky10.x86_64.rpm      3.6 MB/s | 231 kB    00:00
(3073/3088): xorg-x11-server-devel-1.20.8-10.p08.ky10.x86_64.rpm      884 kB/s | 231 kB    00:00
(3074/3088): xorg-x11-server-devel-1.20.8-10.p09.ky10.x86_64.rpm      2.8 MB/s | 231 kB    00:00
(3075/3088): xorg-x11-server-help-1.20.8-10.p07.ky10.noarch.rpm       5.9 MB/s | 1.9 MB    00:00
(3076/3088): xorg-x11-server-help-1.20.8-10.p08.ky10.noarch.rpm       7.6 MB/s | 1.9 MB    00:00
(3077/3088): xorg-x11-server-1.20.8-10.p08.ky10.x86_64.rpm            1.4 MB/s | 5.9 MB    00:04
(3078/3088): yhkylin-backup-tools-4.0.12-1.0.9kord1.p17.ky10.x86_64.rpm 1.9 MB/s | 683 kB  00:00
(3079/3088): zip-3.0-26.p01.ky10.x86_64.rpm                          3.5 MB/s | 223 kB    00:00
(3080/3088): xorg-x11-server-help-1.20.8-10.p09.ky10.noarch.rpm       3.1 MB/s | 1.9 MB    00:00
(3081/3088): zlib-1.2.11-22.ky10.x86_64.rpm                          3.3 MB/s |  87 kB    00:00
(3082/3088): zlib-devel-1.2.11-22.ky10.x86_64.rpm                    3.1 MB/s |  88 kB    00:00
(3083/3088): zlib-help-1.2.11-22.ky10.noarch.rpm                     129 kB/s | 9.0 kB    00:00
(3084/3088): zip-help-3.0-26.p01.ky10.noarch.rpm                     208 kB/s |  38 kB    00:00
(3085/3088): zziplib-0.13.69-9.ky10.x86_64.rpm                       1.9 MB/s |  97 kB    00:00
(3086/3088): zziplib-devel-0.13.69-9.ky10.x86_64.rpm                 1.6 MB/s |  83 kB    00:00
(3087/3088): zziplib-help-0.13.69-9.ky10.noarch.rpm                  543 kB/s |  24 kB    00:00
(3088/3088): wireshark-2.6.2-22.ky10.x86_64.rpm                      632 kB/s |  20 MB    00:31
[root@KylinOS-Test-01 ~]$
```

图 1-2　同步数据到本地文件夹的执行结果

3. 确认同步数据磁盘占用

同步完成后，查看同步源服务器的数据在本地磁盘的空间占用情况，如图 1-3 所示。

```
# 本地源服务器仓库文件夹磁盘占用
[root@Test-KylinOS-01 ~]$ du -ah --max-depth=1
```

```
[root@KylinOS-Test-01 /data/www]$ du -ah --max-depth=1
14G      ./ks10-adv-os
9.7G     ./ks10-adv-updates
24G      .
```

图 1-3　确认同步数据磁盘占用

1.6　部署网页服务器

为了方便其他主机使用本地源服务器，需要部署一台 Web 服务器。

1. 安装并启用 Web 服务器

在本案例中，选择广泛使用且配置简便的 Web 服务器软件"Apache"，作为本地源服务器的 Web 服务器，并进行安装与配置。

```
# 安装 Apache 软件
[root@Test-KylinOS-01 ~]$ yum install -y httpd
```

```
# 开启 Apache 软件的系统服务
[root@Test-KylinOS-01 ~]$ systemctl restart httpd
# 设置 Apache 软件的系统服务为开机自启动
[root@Test-KylinOS-01 ~]$ systemctl enable httpd
```

安装并配置 Apache 软件的执行结果如图 1-4 所示。

```
已安装：
  apr-1.7.0-4.ky10.x86_64              apr-util-1.6.1-15.ky10.x86_64
  httpd-2.4.43-22.p01.ky10.x86_64      httpd-filesystem-2.4.43-22.p01.ky10.noarch
  httpd-help-2.4.43-22.p01.ky10.noarch httpd-tools-2.4.43-22.p01.ky10.x86_64
  mailcap-2.1.49-3.ky10.noarch         mod_http2-1.15.13-1.ky10.x86_64

完毕！
```

图 1-4　安装并配置 Apache 软件的执行结果

2. 配置防火墙

为了使 Web 服务器能够被其他主机访问，必须配置防火墙策略，允许 Web 服务所需的端口（80）通过防火墙。

```
# 防火墙放行 Web 服务
[root@Test-KylinOS-01 ~]$ firewall-cmd --permanent --zone=public
--add-service=http
# 生效防火墙策略
[root@Test-KylinOS-01 ~]$ firewall-cmd --reload
```

配置防火墙的执行结果如图 1-5 所示。

```
[root@KylinOS-Test-01 /data/www]$ sudo firewall-cmd --permanent --zone=public --add-service=http
success
[root@KylinOS-Test-01 /data/www]$ sudo firewall-cmd --reload
success
```

图 1-5　配置防火墙的执行结果

3. 编辑 Web 服务器的配置文件

编辑 Web 服务器的配置文件，将其默认的网站根目录指定到本地源服务器数据所在目录。为了方便查看，还需要为 Web 服务器增加文件浏览功能，让用户可以通过网页浏览本地源服务器所有的文件信息。

（1）修改 Web 服务器根目录。

```
# 打开Web服务器配置文件
[root@Test-KylinOS-01 ~]$ nano /etc/httpd/conf/httpd.conf
# 修改配置文件第119行，将 DocumentRoot "/var/www/html" 修改为
DocumentRoot "/data/www"
# 修改配置文件第124行，将 <Directory "/var/www">修改为 <Directory
"/data/www">
```

（2）为 Web 服务器开启文件浏览功能。

```
# 将第126行替换为以下内容
Options Indexes FollowSymLinks
```

```
# 在配置文件最前端添加以下内容
LoadModule autoindex_module modules/mod_autoindex.so
LoadModule dir_module modules/mod_dir.so
```

（3）重新启动 Web 服务器。

```
# 重启HTTP 服务
systemctl restart httpd
```

4. 创建 Web 服务器首页文件

由于 Web 服务器仅作为本地源服务器的文件服务器使用，并没有首页文件，直接通过浏览器访问可能会出现 Web 服务器的默认首页，如图 1-6 所示，这可能会造成使用者的误解。因此，需要创建一个本地源服务器首页文件，提示本网站的实际功能，如图 1-7 所示。

```
# 通过命令脚本创建Web服务器首页文件
sudo cat <<EOF > /data/www/index.html
Welcom To KylinOS YUM Server <BR>
<BR>
YUM URL <BR>
http://172.16.28.110/ks10-adv-os/ <BR>
http://172.16.28.110/ks10-adv-updates <BR>
EOF
```

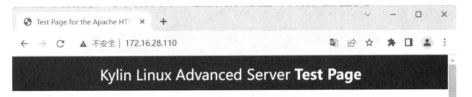

图 1-6　Web 服务器的默认首页

图 1-7　本地源服务器首页

　　至此，银河麒麟本地源服务器的部署已经完成。通过这台本地源服务器，用户可以在没有互联网连接的环境中，部署和更新其他麒麟服务器操作系统的主机。

1.7　编辑本地服务器源配置文件

　　在麒麟服务器操作系统安装完成后，所有主机的默认源配置信息均指向互联网上的官方源服务器地址。默认源配置文件内容如图 1-8 所示。

　　这里需要注意的是，此处需要编辑的源配置文件需要使用之前部署的本地源服务器的其他主机，并不是编辑本地源服务器本身的配置文件。

```
1   ###Kylin Linux Advanced Server 10 - os repo###
2
3   [ks10-adv-os]
4   name = Kylin Linux Advanced Server 10 - Os
5   baseurl = https://          .com.cn/NS/V10/V10SP3/os/adv/lic/base/$basearch/
6   gpgcheck = 1
7   gpgkey=file:///etc/pki/rpm-gpg/RPM-GPG-KEY-kylin
8   enabled = 1
9
10  [ks10-adv-updates]
11  name = Kylin Linux Advanced Server 10 - Updates
12  baseurl = https://          .com.cn/NS/V10/V10SP3/os/adv/lic/updates/$basearch/
13  gpgcheck = 1
14  gpgkey=file:///etc/pki/rpm-gpg/RPM-GPG-KEY-kylin
15  enabled = 1
16
17  [ks10-adv-addons]
18  name = Kylin Linux Advanced Server 10 - Addons
19  baseurl = https://          .com.cn/NS/V10/V10SP3/os/adv/lic/addons/$basearch/
20  gpgcheck = 1
21  gpgkey=file:///etc/pki/rpm-gpg/RPM-GPG-KEY-kylin
22  enabled = 0
23
```

图 1-8　默认源配置文件内容

为了能够让其使用本地搭建的源服务器，需要修改配置文件，将源服务器的路径指向本地源服务器的地址。

1. 备份系统默认源配置文件

```
# 备份 repo 文件
[root@Test-KylinOS-01 ~]$ cp /etc/yum.repos.d/kylin_x86_64.repo
/etc/yum.repos.d/kylin_x86_64.repo.BAK
```

2. 编辑源配置文件

```
# 打开 repo 文件
[root@Test-KylinOS-01 ~]$ nano /etc/yum.repos.d/kylin_x86_64.repo
# 将配置文件修改为如下内容
###Kylin Linux Advanced Server 10 - os repo###
[ks10-adv-os]
name = Kylin Linux Advanced Server 10 - Os
baseurl = http://172.16.28.110/ks10-adv-os/
gpgcheck = 1
gpgkey=file:///etc/pki/rpm-gpg/RPM-GPG-KEY-kylin
enabled = 1
[ks10-adv-updates]
name = Kylin Linux Advanced Server 10 - updates
baseurl = http://172.16.28.110/ks10-adv-updates/
gpgcheck = 1
gpgkey=file:///etc/pki/rpm-gpg/RPM-GPG-KEY-kylin
enabled = 1
```

编辑后的源配置文件内容如图 1-9 所示。

```
###Kylin Linux Advanced Server 10 - os repo###

[ks10-adv-os]
name = Kylin Linux Advanced Server 10 - Os
baseurl = http://172.16.28.110/ks10-adv-os/
gpgcheck = 1
gpgkey=file:///etc/pki/rpm-gpg/RPM-GPG-KEY-kylin
enabled = 1

[ks10-adv-updates]
name = Kylin Linux Advanced Server 10 - Updates
baseurl = http://172.16.28.110/ks10-adv-updates/
gpgcheck = 1
gpgkey=file:///etc/pki/rpm-gpg/RPM-GPG-KEY-kylin
enabled = 1
```

图 1-9　编辑后的源配置文件内容

完成以上更改后，企业网内所有不允许连接互联网的关键业务服务器将能够利用本地源服务器进行软件的部署和系统升级。

案例 **2**

银河麒麟时间服务器部署

2.1 案例背景

为满足企业信息化安全要求，根据规定，企业内部关键业务服务器不得连接互联网。鉴于企业内部各类核心业务系统、管理运维系统及虚拟化平台对精准时间的严格要求，现需要在企业内部搭建一台能够在内网使用的时间服务器，为各类核心业务系统、管理运维系统及虚拟化平台提供精准时间服务。

2.2 对应正文

本案例是主教材"第 8 章 第 7 节：NTP 服务"内容的实际应用案例。

相较于主教材正文中介绍的 NTP 服务软件 ntpdate，本案例采用的 Chrony 能够在更短的时间内实现更精确的系统时钟同步，显著减少时间和频率误差。

Chrony 相较于 ntpdate 具有以下优势。

（1）稳定性好。在不稳定网络、系统或虚拟化环境中表现出色。

（2）精度高。通过多次测量来提高精度，误差控制在数十微秒范围内。

（3）速度快。仅需数分钟即可完成同步，大幅降低时间和频率误差。

除此之外，Chrony 能够同时为 Chrony 客户端和 ntpdate 客户端提供时间同步服务。

2.3 环境准备

在无互联网的环境中部署时间服务器，需要具备以下前提条件。

1. 可访问互联网的网络环境

为确保时间服务器能够实时与互联网上的时间服务器同步，获取精准时间，必须确保时间服务器可以访问互联网上的时间服务器。本地时间服务器可以部署在安全区域，拥有互联网访问权限，而其他无此权限的主机则通过本地时间服务器获取时间服务。为保障信息安全，应在网络防火墙中配置仅允许访问特定的时间服务器地址。

2. 确认时间服务器授时范围

本地时间服务器不提供公共时间授时服务，仅限于内部网络使用。本案例中，本地时间服务器的 IP 地址为 172.16.28.112，需为 172.16.21.X 至 172.16.69.X 的私网网段提供授时服务，因此授时服务网络范围应设置为 172.16.0.0/16。

2.4 部署本地时间服务器

部署时间服务器时，服务器端和客户端的安装步骤基本一致，主要区别在于配置文件的设置。

1. 清理系统残留

在开始部署前，首先检查并清理操作系统中可能存在的与时间服务相关的旧软件，避免在部署过程中产生冲突。

```
# 检查系统中是否已安装 Chrony 服务
[root@Test-KylinOS-02 ~]$ rpm -qa | grep chrony
# 如果已安装，则卸载 Chrony 服务
[root@Test-KylinOS-02 ~]$ yum -y remove chrony*
# 检查系统中是否已安装 NTP 服务
[root@Test-KylinOS-02 ~]$ rpm -qa | grep ntp
# 如果已安装，则卸载 NTP 服务
[root@Test-KylinOS-02 ~]$ yum -y remove ntp*
```

2. 设定本地时区

对于国内部署的本地时间服务器，需要设置为"东八区"，即"亚洲/上海"时区。尽管操作系统在安装时通常会预设为该时区，但为了确保无误，需要再次进行时区设置。

```
# 将时区信息复制，覆盖原来的时区信息
[root@Test-KylinOS-02 ~]$ cp /usr/share/zoneinfo/Asia/Shanghai
/etc/localtime
```

设定本地时区的执行结果如图 2-1 所示。

```
[root@Test-KylinOS-02 ~]$ cp /usr/share/zoneinfo/Asia/Shanghai /etc/localtime
cp: '/usr/share/zoneinfo/Asia/Shanghai' 与 '/etc/localtime' 为同一文件
```

图 2-1 设定本地时区的执行结果

3. 安装时间服务器软件

使用 yum 命令及 "-y" 参数，安装 Chrony 时间服务器软件，并启动 chronyd 服务，同时设置为开机自启动。

```
# 安装 Chrony 服务
[root@Test-KylinOS-02 ~]$ yum install -y chrony
# 启动 Chrony 服务
[root@Test-KylinOS-02 ~]$ systemctl start chronyd.service
# 设置 Chrony 服务为开机自启动
[root@Test-KylinOS-02 ~]$ systemctl enable chronyd.service
```

4. 查看 Chrony 运行状态

使用系统服务管理命令来查看 Chrony 服务的运行状态。

```
# 检查 Chrony 服务运行状态
[root@Test-KylinOS-02 ~]$ systemctl status chronyd.service
# 查看 Chrony 进程运行信息
[root@Test-KylinOS-02 ~]$ ps -ef | grep chrony
```

Chrony 运行状态如图 2-2 所示。

```
[root@Test-KylinOS-02 ~]$ sudo systemctl status chronyd.service
● chronyd.service - NTP client/server
   Loaded: loaded (/usr/lib/systemd/system/chronyd.service; enabled; vendor preset: enabled)
   Active: active (running) since Sun 2023-12-03 16:17:37 CST; 45s ago
     Docs: man:chronyd(8)
           man:chrony.conf(5)
 Main PID: 7524 (chronyd)
    Tasks: 1
   Memory: 256.0K
   CGroup: /system.slice/chronyd.service
           └─7524 /usr/sbin/chronyd

12月 03 16:17:37 Test-KylinOS-02 systemd[1]: Starting NTP client/server...
12月 03 16:17:37 Test-KylinOS-02 chronyd[7524]: chronyd version 3.5 starting (+CMDMON +NTP +REFCLOCK
12月 03 16:17:37 Test-KylinOS-02 chronyd[7524]: Initial frequency 52.620 ppm
12月 03 16:17:37 Test-KylinOS-02 systemd[1]: Started NTP client/server.

[root@Test-KylinOS-02 ~]$ ps -ef | grep chrony
chrony     7524       1  0 16:17 ?        00:00:00 /usr/sbin/chronyd
root       7773    1455  0 16:18 pts/0    00:00:00 grep chrony
```

图 2-2　Chrony 运行状态

2.5 配置时间服务器——服务器端

为了向企业内部的核心业务系统、管理运维系统及虚拟化平台提供精确的授时服务，需要对本地时间服务器进行配置，并确保系统防火墙允许时间服务器网络端口的通信。

1. 修改 Chrony 配置文件

麒麟服务器操作系统的默认 Chrony 配置文件已经包含了多个时间服务器地址，包括阿里云和国家授时中心的时间服务器，此处仅需调整配置，指定客户端网络范围及时间服务器的层级即可。

```
# 打开 Chrony 配置文件
[root@Test-KylinOS-02 ~]$ nano /etc/chrony.conf
# 修改配置文件第26行，将allow 192.168.0.0/16 修改为 allow 172.16.0.0/16
# 修改配置文件第29行，将local stratum 10 修改为 local stratum 10
```

修改 Chrony 配置文件如图 2-3 所示。

```
1   # Use public servers from the pool.ntp.org project.
2   # Please consider joining the pool (http://www.     .ntp.org/join.html).
3   #pool pool.ntp.org iburst
4   server ntp.ntsc.ac.cn iburst
5   server ntp1.aliyun.com iburst
6   #server cn.pool.ntp.org iburst
7
8   # Record the rate at which the system clock gains/losses time.
9   driftfile /var/lib/chrony/drift
10
11  # Allow the system clock to be stepped in the first three updates
12  # if its offset is larger than 1 second.
13  makestep 1.0 3
14
15  # Enable kernel synchronization of the real-time clock (RTC).
16  rtcsync
17
18  # Enable hardware timestamping on all interfaces that support it.
19  #hwtimestamp *
20
21  # Increase the minimum number of selectable sources required to adjust
22  # the system clock.
23  #minsources 2
24
25  # Allow NTP client access from local network.
26  allow 172.16.0.0/16
27
28  # Serve time even if not synchronized to a time source.
29  local stratum 10
30
31  # Specify file containing keys for NTP authentication.
32  #keyfile /etc/chrony.keys
33
34  # Get TAI-UTC offset and leap seconds from the system tz database.
35  #leapsectz right/UTC
36
37  # Specify directory for log files.
38  logdir /var/log/chrony
39
40  # Select which information is logged.
41  #log measurements statistics tracking
```

图 2-3 修改 Chrony 配置文件

2. 配置防火墙

为了让时间服务器可以被网络中的其他主机访问，需要配置防火墙策略，放行时间服务所需的 UDP 端口（123 和 323），如图 2-4 所示。

```
# 放行 NTP 服务的UDP端口123
[root@Test-KylinOS-02 ~]$ firewall-cmd --permanent --zone=public
--add-port=123/udp
# 放行 Chrony 服务的UDP端口323
[root@Test-KylinOS-02 ~]$ firewall-cmd --permanent --zone=public
--add-port=323/udp
# 重新加载防火墙策略以应用更改
[root@Test-KylinOS-02 ~]$ firewall-cmd --reload
```

```
[root@Test-KylinOS-02 ~]$ firewall-cmd --permanent --zone=public --add-port=123/udp
success
[root@Test-KylinOS-02 ~]$ firewall-cmd --permanent --zone=public --add-port=323/udp
success
[root@Test-KylinOS-02 ~]$ sudo firewall-cmd --reload
success
```

图 2-4　配置防火墙

3. 重新启动并验证时间服务器

在完成时间服务器服务器端的配置之后，需要重新启动 Chrony 服务，并验证 Chrony 服务是否成功占用了网络端口 UDP 123 和 UDP 323。如果这两个端口均被 Chrony 服务所占用，那么表明 Chrony 服务已经成功启动。

```
# 重新启动 Chrony 服务
[root@Test-KylinOS-02 ~]$ systemctl restart chronyd.service
# 查看 Chrony 服务的状态，确认其运行情况
[root@Test-KylinOS-02 ~]$ systemctl status chronyd | grep Active ;
netstat -tlunp | grep chronyd
```

查看 Chrony 服务的状态，如图 2-5 所示。

```
[root@Test-KylinOS-02 ~]$ systemctl status chronyd | grep Active ; netstat -tlunp | grep chronyd
   Active: active (running) since Sun 2023-12-03 16:42:54 CST; 5h 13min ago
udp        0      0 0.0.0.0:123             0.0.0.0:*                           8093/chronyd
udp        0      0 127.0.0.1:323           0.0.0.0:*                           8093/chronyd
udp6       0      0 ::1:323                 :::*                                8093/chronyd
```

图 2-5　查看 Chrony 服务的状态

4. 开启网络时间同步并写入 BIOS

完成配置后，需要启动网络时间同步功能，并将同步后的时间信息写入硬件 BIOS 中，确保系统时间的准确性和一致性。

```
# 启动网络时间同步
[root@Test-KylinOS-02 ~]$ timedatectl set-ntp true
# 查看Chrony服务的时间同步状态
```

```
[root@Test-KylinOS-02 ~]$ timedatectl status
# 验证时间同步情况
[root@Test-KylinOS-02 ~]$ chronyc sources -v
# 将当前日期和时间写入BIOS
[root@Test-KylinOS-02 ~]$ echo "SYNC_HWCLOCK=yes" >>
/etc/sysconfig/ntpd
```

开启网络时间同步并写入 BIOS 的执行结果如图 2-6 所示。

```
[root@Test-KylinOS-02 ~]$ timedatectl set-ntp true
[root@Test-KylinOS-02 ~]$ timedatectl status
               Local time: 日 2023-12-03 22:04:06 CST
           Universal time: 日 2023-12-03 14:04:06 UTC
                 RTC time: 日 2023-12-03 14:04:06
                Time zone: Asia/Shanghai (CST, +0800)
System clock synchronized: yes
              NTP service: active
          RTC in local TZ: no
[root@Test-KylinOS-02 ~]$ chronyc sources -v
210 Number of sources = 2

  .-- Source mode  '^' = server, '=' = peer, '#' = local clock.
 / .- Source state '*' = current synced, '+' = combined , '-' = not combined,
| /   '?' = unreachable, 'x' = time may be in error, '~' = time too variable.
||                                                .- xxxx [ yyyy ] +/- zzzz
||      Reachability register (octal) -.          |  xxxx = adjusted offset,
||      Log2(Polling interval) --.      |         |  yyyy = measured offset,
||                                \      |         |  zzzz = estimated error.
||                                 |     |         |
MS Name/IP address             Stratum Poll Reach LastRx Last sample
===============================================================================
^- 114.118.7.163                  2    10    37    20m    -19ms[  -18ms] +/-   233ms
^* 120.25.115.20                  2    10    65    303  +1787us[+2736us] +/-    27ms
[root@Test-KylinOS-02 ~]$ echo "SYNC_HWCLOCK=yes" >> /etc/sysconfig/ntpd
```

图 2-6　开启网络时间同步并写入 BIOS 的执行结果

完成以上步骤后，时间服务器的服务器端配置完成，此时可以为企业内部提供精确的时间同步服务了。

2.6　验证时间服务器——服务器端

为确保时间服务器运行正常，我们可以通过 Windows 系统快速进行测试和验证。

```
# 测试时间服务器
C:\Users\SRover>w32tm /stripchart /computer:172.16.28.112
```

```
# 时间服务器正常运行的情况
正在跟踪 172.16.28.112 [172.16.28.112:123]。
当前时间是 2023/12/3 16:42:57。
16:42:57, d:+00.0002829s o:-00.1706330s
16:42:59, d:+00.0005005s o:-00.1705259s
16:43:01, d:+00.0002324s o:-00.1706783s
16:43:03, d:+00.0007566s o:-00.1704928s
# 时间服务器无法正常运行的情况
正在跟踪 172.16.28.112 [172.16.28.112:123]。
当前时间是 2023/12/3 16:40:57。
16:40:57, 错误: 0x80072746
16:40:59, 错误: 0x80072746
16:41:01, 错误: 0x80072746
```

2.7 配置时间服务器——客户端

时间服务器可广泛应用于业务系统、交易系统、操作系统和虚拟化平台。本处以麒麟服务器操作系统为例，说明客户端的配置方法。

1. 修改 Chrony 配置文件

需要注意的是，需要编辑的配置文件是作为时间服务器客户端存在的麒麟服务器操作系统的 Chrony 配置文件。

```
# 打开 Chrony 配置文件
[root@Test-KylinOS-03 ~]$ nano /etc/chrony.conf
# 修改配置文件第4行，将server ntp.ntsc.ac.cn iburst修改为server
172.16.28.112 iburst
# 修改配置文件第5行，将server ntp1.aliyun.com iburst修改为server
ntp1.aliyun.com iburst
```

编辑结果如图 2-7 所示。

```
1    # Use public servers from the pool.ntp.org project.
2    # Please consider joining the pool (http://www.▮▮▮.ntp.org/join.html).
3    #pool pool.ntp.org iburst
4    server 172.16.28.112 iburst
5    # server ntp1.aliyun.com iburst
6    #server cn.pool.ntp.org iburst
7
8    # Record the rate at which the system clock gains/losses time.
9    driftfile /var/lib/chrony/drift
10
11   # Allow the system clock to be stepped in the first three updates
12   # if its offset is larger than 1 second.
13   makestep 1.0 3
```

图 2-7　编辑结果

2. 开启网络时间同步并写入 BIOS

配置完成后，启动网络时间同步功能，并将同步后的时间信息写入硬件 BIOS 中。

```
# 重新启动 Chrony 服务
[root@Test-KylinOS-03 ~]$ systemctl restart chronyd.service
# 开启网络时间同步
[root@Test-KylinOS-03 ~]$ timedatectl set-ntp true
# 查看 Chrony 服务时间同步状态
[root@Test-KylinOS-03 ~]$ timedatectl status
# 验证时间同步情况
[root@Test-KylinOS-03 ~]$ chronyc sources -v
# 将当前日期和时间写入 BIOS
[root@Test-KylinOS-03 ~]$ echo "SYNC_HWCLOCK=yes" >>
/etc/sysconfig/ntpd
```

完成以上步骤后，企业网内所有关键业务服务器便能通过本地时间服务器获得精准的时间同步服务。

案例 3

银河麒麟容器服务器部署

3.1 案例背景

为了满足企业开发部门对应用快速部署和测试的需求，现计划在企业内部搭建一台容器（Docker）服务器，以承接开发、测试和业务部门日益增长的快速交付需求。

3.2 对应正文

本案例是主教材"第7章：虚拟化技术"内容的实际应用案例。容器环境虽然功能强大，但配置复杂，涉及的知识点众多，本案例仅涉及基础部署和配置。

与正文中介绍的 KVM 虚拟化环境相比，本案例中的容器（Docker）环境具有轻量级、快速部署和资源节省等优势，是当前主流的虚拟化解决方案之一。

3.3 环境准备

尽管容器（Docker）环境相较于传统虚拟化环境，占用系统资源更低，更节省磁盘空间，但随着容器的存储和运行，镜像和数据文件的积累仍需大量磁盘空间。

因此，在测试环境中，至少需要预留 100 GB 的存储空间；在生产环境中，则至少需要预留 500 GB 的存储空间。

3.4 部署容器（Docker）服务器

1. 清理系统残留

在部署前，检查并清理操作系统中现有的容器服务器的相关软件，避免部署过程中发生冲突。

```
# 卸载系统中的容器相关组件
[root@Test-KylinOS-02 ~]$ sudo yum remove -y docker* \
                    docker-client \
                    docker-client-latest \
                    docker-common \
                    docker-latest \
                    docker-latest-logrotate \
            docker-logrotate \
            docker-selinux \
            docker-engine-selinux \
            docker-engine
```

执行结果如图 3-1 所示。

图 3-1　执行结果 1

2. 安装容器服务器

麒麟服务器操作系统的官方源提供的 Docker 版本虽旧，但能满足基本使用需求。

接下来，安装 Docker 运行环境及 Docker Compose 软件。

```
# 安装Docker运行环境及Docker Compose软件
[root@Test-KylinOS-02 ~]$ yum install -y docker-engine \
                                          docker-compose
```

安装结果如图 3-2 所示。

```
已安装:
  docker-compose-1.22.0-4.ky10.noarch              docker-engine-18.09.0-206.p07.ky10.x86_64
  libcgroup-0.42.2-1.p01.ky10.x86_64               libsodium-1.0.18-1.ky10.x86_64
  libtool-ltdl-2.4.6-33.ky10.x86_64                python3-asn1crypto-1.4.0-1.ky10.noarch
  python3-bcrypt-3.2.0-1.ky10.x86_64               python3-cached_property-1.5.1-1.ky10.noarch
  python3-cryptography-3.3.1-1.p01.ky10.x86_64     python3-docker-4.0.2-1.ky10.noarch
  python3-docker-pycreds-0.4.0-1.1.ky10.noarch     python3-dockerpty-0.4.1-1.ky10.noarch
  python3-docopt-0.6.2-11.ky10.noarch              python3-ipaddress-1.0.23-1.ky10.noarch
  python3-jsonschema-2.6.0-6.ky10.noarch           python3-paramiko-2.4.3-1.ky10.noarch
  python3-pyOpenSSL-20.0.1-1.ky10.noarch           python3-pyasn1-0.3.7-8.ky10.noarch
  python3-pynacl-1.2.1-5.ky10.x86_64               python3-pyyaml-5.3.1-4.ky10.x86_64
  python3-texttable-1.4.0-2.ky10.noarch            python3-websocket-client-0.47.0-6.ky10.noarch

完毕！
```

图 3-2 安装结果

3. 启动容器环境并验证对应版本信息

容器（Docker）环境安装完成后，启动容器服务，并设置为开机自启动。同时，查看 Docker 及 Docker Compose 的软件版本信息，如图 3-3 所示。

```
# 启动 Docker 服务
[root@Test-KylinOS-02 ~]$ systemctl start docker.service
# 设置 Docker 服务为开机自启动
[root@Test-KylinOS-02 ~]$ systemctl enable docker.service
# 查看 Docker 软件版本
[root@Test-KylinOS-02 ~]$ docker --versio
# 查看 Docker Compose 软件版本
[root@Test-KylinOS-02 ~]$ docker-compose --version
```

```
[root@Test-KylinOS-02 ~]$ docker --version
Docker version 18.09.0, build
[root@Test-KylinOS-02 ~]$ docker-compose --version
docker-compose version 1.22.0, build f46880f
```

图 3-3 查看 Docker 及 Docker Compose 的软件版本信息

3.5 测试容器（Docker）环境

部署容器（Docker）服务器后，需要测试其可用性。此处将部署一个测试容器并对其进行操作，以测试容器服务器的功能。

1. 部署测试容器

首先，检查并清理操作系统内现有的时间服务器相关软件，避免在部署测试容器时发送冲突。然后，运行 Hello World 测试容器，如图 3-4 所示。

```
# 运行Hello Word测试容器
[root@Test-KylinOS-02 ~]$ docker run --rm hello-world
```

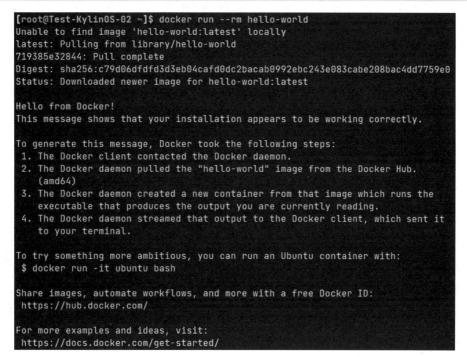

图 3-4　运行 Hello Word 测试容器

2. 查看容器服务器的镜像列表

容器中有两个概念，分别是镜像（Image）和容器（Container）。

镜像：Docker 镜像，相当于一个完整的 Linux 发行版文件系统。例如，官方镜像 Ubuntu18.04 包含了完整的 Ubuntu 最小系统文件系统。

容器：镜像（Image）和容器（Container）的关系，就像是面向对象程序设计中的类和实例一样，镜像是静态的定义，容器是镜像运行时的实体。容器可以被创建、启动、停止、删除、暂停等。

查询容器服务器中的镜像列表，由于之前运行了 "hello-world" 容器，因此可以看到服务器中该镜像的存在。

```
# 查询镜像列表
[root@Test-KylinOS-02 ~]$ docker image ls
```

查询镜像列表结果如图 3-5 所示。

```
[root@Test-KylinOS-02 ~]$ docker image ls
REPOSITORY          TAG                 IMAGE ID            CREATED             SIZE
hello-world         latest              9c7a54a9a43c        7 months ago        13.3kB
```

图 3-5　查询镜像列表结果

3. 查看容器服务器的容器列表

在查看了镜像列表后，接下来查看运行中的容器列表。由于之前运行“hello-world”容器时使用了“--rm”参数，容器运行后会自动删除容器及所产生的数据，因此容器列表为空。使用“-d”参数重新运行“hello-world”容器，让其在后台运行，然后再次查询容器列表，即可看到该容器的详情。

```
# 查询容器列表
[root@Test-KylinOS-02 ~]$ sudo docker ps -a
# 以后台形式运行Hello World测试容器
[root@Test-KylinOS-02 ~]$ docker run --rm hello-world
# 再次查询容器列表
[root@Test-KylinOS-02 ~]$ sudo docker ps -a
```

查询容器列表结果如图 3-6 所示。

```
[root@Test-KylinOS-02 ~]$ sudo docker ps -a
CONTAINER ID        IMAGE               COMMAND             CREATED             STATUS
ORTS                NAMES
[root@Test-KylinOS-02 ~]$ docker run -d hello-world
6ac61315c0362299db9c7b1fcb37b3d82f5502c8bec0b1a1af7328a1d2dd85b6
[root@Test-KylinOS-02 ~]$ sudo docker ps -a
CONTAINER ID        IMAGE               COMMAND             CREATED             STATUS
          PORTS               NAMES
6ac61315c036        hello-world         "/hello"            3 seconds ago       Exited (0) 3 seconds
ago                           competent_wozniak
```

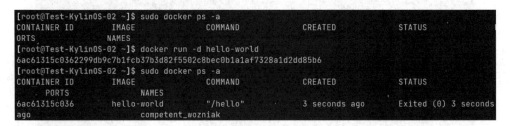

图 3-6 查询容器列表结果

案例 **4**

银河麒麟文件服务器部署

4.1　案例背景

为了满足企业信息化安全要求，根据规定，员工不得将企业的关键业务数据存储在个人办公计算机上。所有关键业务数据需集中管理，并根据不同的行政级别、部门和岗位设定相应的访问权限。为此，现需要在企业内网搭建一台文件服务器，并能够兼顾 Windows、Linux 等不同操作系统访问。

4.2　对应正文

本案例是主教材"第 8 章　第 5 节：FTP 服务"与"第 8 章　第 6 节：NFS 服务"的综合应用案例。

与正文中的 FTP 和 NFS 服务相比，本案例采用的 SAMBA 服务在文件传输性能上更出色，支持 Windows、Linux、Mac 等多个平台操作系统，并且能够实现多种计算机外设的共享。在权限验证方面，SAMBA 服务也比 NFS 服务更具优势。

4.3　环境准备

部署 SAMBA 服务前，需要满足以下前提条件。

1.　存储空间

为了满足企业核心业务数据的存储需求，并应对业务增长带来的数据量激增及员工数量的增加，需要预留足够的磁盘空间用于存储数据。

2. 用户分组及权限规划

为了满足企业信息安全要求，需要根据不同的行政级别、部门和岗位设定相应的访问权限。因此，需要规划并创建企业架构图谱、用户权限规划、用户组和对应的用户账户。

3. 客户端主机

为了验证文件服务器的可访问性，需要准备一台安装有 Windows 10 操作系统的计算机和一台安装有麒麟桌面版操作系统的计算机，用于测试。

4.4 部署文件服务器

1. 清理系统残留

在部署文件服务器前，首先需要检查并清理操作系统中可能存在的与文件服务器相关的旧软件，以避免部署过程中发生冲突。

```
# 检查是否存在 SAMBA 相关软件
[root@Test-KylinOS-02 ~]$ rpm -qa | grep samba smb
# 删除现存的 SAMBA 相关软件
[root@Test-KylinOS-02 ~]$ yum -y remove samba* smb*
```

2. 安装文件服务器软件

使用 yum 命令和 "-y" 参数，安装文件服务器软件 SAMBA。

```
# 安装 SAMBA 组件
[root@Test-KylinOS-02 ~]$ yum install -y samba
```

查看已安装软件如图 4-1 所示。

```
已安装:
  avahi-libs-0.8-8.ky10.x86_64              cups-libs-1:2.2.13-19.p01.ky10.x86_64
  libsmbclient-4.11.12-32.p01.ky10.x86_64   libwbclient-4.11.12-32.p01.ky10.x86_64
  samba-4.11.12-32.p01.ky10.x86_64          samba-client-4.11.12-32.p01.ky10.x86_64
  samba-common-4.11.12-32.p01.ky10.x86_64   samba-common-tools-4.11.12-32.p01.ky10.x86_64
  samba-libs-4.11.12-32.p01.ky10.x86_64

完毕!
```

图 4-1　查看已安装软件

3. 启动 SAMBA 服务并查询运行状态

完成 SAMBA 组件安装后，需要启动 SAMBA 服务，设置其为开机自启动，并查看 SAMBA 服务的运行状态。

```
# 启动 SAMBA 服务
[root@Test-KylinOS-02 ~]$ systemctl start smb.service
# 设置 SAMBA 为开机自启动
[root@Test-KylinOS-02 ~]$ systemctl enable smb.service
# 检查 SAMBA 服务运行状态
[root@Test-KylinOS-02 ~]$ systemctl status smb.service
```

查询结果如图 4-2 所示。

```
[root@Test-KylinOS-02 ~]$ systemctl start smb.service
[root@Test-KylinOS-02 ~]$ systemctl enable smb.service
Created symlink /etc/systemd/system/multi-user.target.wants/smb.service → /usr/lib/systemd/system/smb
.service.
[root@Test-KylinOS-02 ~]$ systemctl status smb.service
● smb.service - Samba SMB Daemon
   Loaded: loaded (/usr/lib/systemd/system/smb.service; enabled; vendor preset: disabled)
   Active: active (running) since Sun 2023-12-03 16:09:44 CST; 12s ago
     Docs: man:smbd(8)
           man:samba(7)
           man:smb.conf(5)
 Main PID: 1687 (smbd)
   Status: "smbd: ready to serve connections..."
    Tasks: 4
   Memory: 6.7M
   CGroup: /system.slice/smb.service
           ├─1687 /usr/sbin/smbd --foreground --no-process-group
           ├─1689 /usr/sbin/smbd --foreground --no-process-group
           ├─1690 /usr/sbin/smbd --foreground --no-process-group
           └─1691 /usr/sbin/smbd --foreground --no-process-group
```

图 4-2　启动 SAMBA 服务并查询运行状态

4. 创建文件服务器共享文件夹

根据前期制定的企业架构图谱和用户权限规划，创建相应的文件夹，以及测试用的临时文件。需要注意的是，此处赋予的文件夹完全访问权限仅用于测试。在生产环境中，需要根据实际情况设置访问权限，并根据文件服务器的读写权限配合系统文件访问权限设置。

```
# 创建 SAMBA 共享文件夹
[root@Test-KylinOS-02 ~]$ mkdir -p /data/samba/{manage,market,tech}
# 创建共享文件样例
[root@Test-KylinOS-02 ~]$ echo "Welcome To Manager Room" >
/data/samba/manage/manage.txt
[root@Test-KylinOS-02 ~]$ echo "Welcome To Marketing Department" >
/data/samba/market/market.txt
[root@Test-KylinOS-02 ~]$ echo "Welcome To Technology Department" >
/data/samba/tech/tech.txt
# 赋予权限
[root@Test-KylinOS-02 ~]$ chmod -R ugo+rwx /data/samba/
```

5. 创建用户及用户组

根据前期制定的企业架构图谱和用户权限规划，创建相应的用户并分配到对应的用户组中，如图 4-3 所示。

```
# 创建经理用户
[root@Test-KylinOS-02 ~]$ useradd jingli
# 创建销售用户
[root@Test-KylinOS-02 ~]$ useradd xiaoshou
# 创建售前用户
[root@Test-KylinOS-02 ~]$ useradd shouqian
# 创建工程师用户
[root@Test-KylinOS-02 ~]$ useradd gonghcengshi
# 创建技工用户
[root@Test-KylinOS-02 ~]$ useradd jigong
# 创建管理员用户
[root@Test-KylinOS-02 ~]$ useradd admin
# 创建市场部用户组
[root@Test-KylinOS-02 ~]$ groupadd market
# 创建技术部用户组
[root@Test-KylinOS-02 ~]$ groupadd tech
# 将用户销售加入市场部用户组
[root@Test-KylinOS-02 ~]$ gpasswd -a xiaoshou market
# 将用户销售加入市场部用户组
[root@Test-KylinOS-02 ~]$ gpasswd -a shouqian market
# 将用户工程师加入技术部用户组
[root@Test-KylinOS-02 ~]$ gpasswd -a gonghcengshi tech
# 将用户技工加入技术部用户组
[root@Test-KylinOS-02 ~]$ gpasswd -a jigong tech
```

```
[root@Test-KylinOS-02 ~]$ useradd jingli
[root@Test-KylinOS-02 ~]$ useradd xiaoshou
[root@Test-KylinOS-02 ~]$ useradd shouqian
[root@Test-KylinOS-02 ~]$ useradd gonghcengshi
[root@Test-KylinOS-02 ~]$ useradd jigong
[root@Test-KylinOS-02 ~]$ useradd admin
[root@Test-KylinOS-02 ~]$ groupadd market
[root@Test-KylinOS-02 ~]$ groupadd tech
[root@Test-KylinOS-02 ~]$ gpasswd -a xiaoshou market
正在将用户 xiaoshou"加入到 market"组中
[root@Test-KylinOS-02 ~]$ gpasswd -a shouqian market
正在将用户 shouqian"加入到 market"组中
[root@Test-KylinOS-02 ~]$ gpasswd -a gonghcengshi tech
正在将用户 gonghcengshi"加入到 tech"组中
[root@Test-KylinOS-02 ~]$ gpasswd -a jigong tech
正在将用户 jigong"加入到 tech"组中
```

图 4-3　将用户分配到对应的用户组

6. 将本地用户转换为 SAMBA 用户

为了使 SAMBA 能够管理用户，需要将前面创建的本地用户转换为 SAMBA 用户，并为每个用户设定密码，如图 4-4 所示。

```
# 将本地用户转换为 SAMBA 用户
[root@Test-KylinOS-02 ~]$ smbpasswd -a jingli
[root@Test-KylinOS-02 ~]$ smbpasswd -a xiaoshou
[root@Test-KylinOS-02 ~]$ smbpasswd -a shouqian
[root@Test-KylinOS-02 ~]$ smbpasswd -a gonghcengshi
[root@Test-KylinOS-02 ~]$ smbpasswd -a jigong
[root@Test-KylinOS-02 ~]$ smbpasswd -a admin
```

```
[root@Test-KylinOS-02 ~]$ smbpasswd -a  jingli
New SMB password:
Retype new SMB password:
Added user jingli.
[root@Test-KylinOS-02 ~]$ smbpasswd -a  xiaoshou
New SMB password:
Retype new SMB password:
Added user xiaoshou.
[root@Test-KylinOS-02 ~]$ smbpasswd -a  shouqian
New SMB password:
Retype new SMB password:
Added user shouqian.
[root@Test-KylinOS-02 ~]$ smbpasswd -a  gonghcengshi
New SMB password:
Retype new SMB password:
Added user gonghcengshi.
[root@Test-KylinOS-02 ~]$ smbpasswd -a  jigong
New SMB password:
Retype new SMB password:
Added user jigong.
[root@Test-KylinOS-02 ~]$ smbpasswd -a  admin
New SMB password:
Retype new SMB password:
Added user admin.
```

图 4-4　将本地用户转换为 SAMBA 用户

7. 修改 SAMBA 配置文件

根据前期制定的企业架构图谱和用户权限规划，进行以下设计。

（1）创建经理用户（jingli）。

（2）创建市场部用户组（@market）。

（3）创建技术部用户组（@tech）。

（4）创建销售用户（xiaoshou）、售前用户（shouqian），并归属于市场部组。

（5）创建工程师用户（gongchengshi）、技工用户（jigong），并归属于技术组。

（6）创建管理员用户（admin）。

（7）经理用户可以读取所有共享文件夹，并能够读写 manage 文件夹。

（8）管理员用户可以读写所有共享文件夹。

（9）市场部用户仅可以读写 market 文件夹。

（10）技术部用户仅可以读写 tech 文件夹。

基于以上用户权限规划设计，需要编辑 SAMBA 的配置文件。

```
# 打开SAMBA配置文件
nano /etc/samba/smb.conf
# 注释第17行到第37行中的所有内容
# 在配置文件末尾增加如下内容


[manage]
# 共享目录摘要
 comment = Manager Room Document
# 共享目录路径
 path = /data/samba/manage
# 共享目录有效用户
 valid users = jingli,admin
# 是否具备写入权限
 writable = yes


# 共享名
[market]
# 共享目录摘要
 comment = Marketing Department Document
# 共享目录路径
 path = /data/samba/market
# 共享目录有效用户 (@ 表示组名)
 valid users = @market,jingli,admin
# 是否具备写入权限
 writable = no
# 拥有写入权限用户
 write list =  @market,admin
# 共享名
[tech]
# 共享目录摘要
 comment = Technology Department Document
# 共享目录路径
 path = /data/samba/tech
# 共享目录有效用户 (@ 表示组名)
 valid users = @tech,jingli,admin
# 是否具备写入权限
 writable = no
# 拥有写入权限用户
 write list = @tech,admin
```

编辑结果如图 4-5 所示。

```
39  #    共享名
40  [manage]
41  #    共享目录摘要
42      comment = Manager Room Document
43  #    共享目录路径
44      path = /data/samba/manage
45  #    共享目录有效用户
46      valid users = jingli,admin
47  #    是否具备写入权限
48      writable = yes
49
50  #    共享名
51  [market]
52  #    共享目录摘要
53      comment = Marketing Department Document
54  #    共享目录路径
55      path = /data/samba/market
56  #    共享目录有效用户（@ 表示组名）
57      valid users = @market,jingli,admin
58  #    是否具备写入权限
59      writable = no
60  #    拥有写入权限用户
61      write list = @market,admin
62
63  #    共享名
64  [tech]
65  #    共享目录摘要
66      comment = Technology Department Document
67  #    共享目录路径
68      path = /data/samba/tech
69  #    共享目录有效用户（@ 表示组名）
70      valid users = @tech,jingli,admin
71  #    是否具备写入权限
72      writable = no
73  #    拥有写入权限用户
74      write list = @tech,admin
```

图 4-5　编辑结果

8. 重新启动 SAMBA 服务并查询运行状态

为了使前面编辑的 SAMBA 配置文件生效，需要重新启动 SAMBA 服务，并查看服务的运行状态，确保配置文件编写无误。

```
# 重新启动SAMBA服务
[root@Test-KylinOS-02 ~]$ systemctl restart smb.service
# 检查SAMBA服务运行状态
[root@Test-KylinOS-02 ~]$ systemctl status smb.service
```

查询结果如图 4-6 所示。

```
[root@KylinOS-Test--02 ~]$ systemctl restart smb.service
[root@KylinOS-Test--02 ~]$ systemctl status smb.service
● smb.service - Samba SMB Daemon
   Loaded: loaded (/usr/lib/systemd/system/smb.service; disabled; vendor preset: disabled)
   Active: active (running) since Mon 2023-12-04 14:03:00 CST; 5s ago
     Docs: man:smbd(8)
           man:samba(7)
           man:smb.conf(5)
 Main PID: 8606 (smbd)
   Status: "smbd: ready to serve connections..."
    Tasks: 4
   Memory: 6.7M
   CGroup: /system.slice/smb.service
           ├─8606 /usr/sbin/smbd --foreground --no-process-group
           ├─8608 /usr/sbin/smbd --foreground --no-process-group
           ├─8609 /usr/sbin/smbd --foreground --no-process-group
           └─8610 /usr/sbin/smbd --foreground --no-process-group
```

图 4-6　查询结果

9. 配置防火墙

完成所有配置后，需要修改防火墙策略，允许 SAMBA 服务所需的端口通过防火墙，以便其他主机可以访问。

```
# 防火墙放行 SAMBA 服务
[root@Test-KylinOS-02 ~]$ firewall-cmd --permanent --zone=public
--add-service=samba
# 防火墙策略生效
[root@Test-KylinOS-02 ~]$ firewall-cmd --reload
```

执行结果如图 4-7 所示。

```
[root@Test-KylinOS-02 ~]$ firewall-cmd --permanent --zone=public --add-service=samba
success
[root@Test-KylinOS-02 ~]$ sudo firewall-cmd --reload
success
```

图 4-7　防火墙放行 SAMBA 服务

至此，基于 SAMBA 服务的文件服务器部署已经完成。接下来，只需配置客户端，即可使用文件服务器提供的资源。

4.5 Windows 客户端访问文件
服务器

基于 SAMBA 服务的文件服务器对包括 Windows 在内的多种操作系统都表现出

良好的兼容性。在各个版本的 Windows 操作系统中，用户无须安装任何第三方软件即可轻松访问 SAMBA。

1. 通过"运行"对话框，打开指定路径

在完成上一节所述的基于 SAMBA 服务的文件服务器部署后，设定的服务器 IP 地址为"172.16.28.112"。因此，本文件服务器的访问路径为"\\172.16.28.112"，后续将以此地址作为访问的基准。

在 Windows10 操作系统的桌面上，按" Win+R"快捷键，在弹出的"运行"对话框中输入"\\172.16.28.112"，如图 4-8 所示。

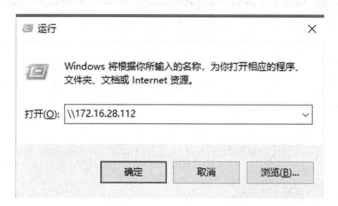

图 4-8 "运行"对话框

2. 输入对应用户的账户及密码

首次登录时，可能需要等待十余秒，随后将弹出"Windows 安全中心"对话框，此时要求输入网络凭据，输入用户账户和密码以进行登录测试，如图 4-9 所示。

图 4-9 输入网络凭据

3. 查看文件服务器的共享文件夹

登录成功后，即可在"Windows 资源管理器"中查看之前部署的文件服务器对应的共享文件夹，如图 4-10 所示。

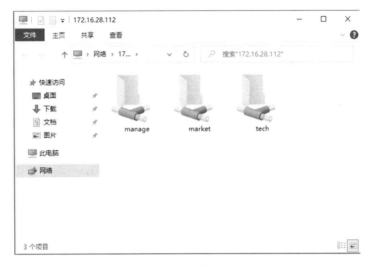

图 4-10　查看共享文件夹

4. 创建共享文件夹本地磁盘映射

以经理用户（jingli）为例，选中"manage"共享文件夹并单击鼠标右键，在弹出的快捷菜单中单击"映射网络驱动器"选项，如图 4-11 所示。

图 4-11　单击"映射网络驱动器"选项

打开"映射网络驱动器"对话框，如图 4-12 所示，确认信息无误后，直接单击

"完成"按钮。

图 4-12 "映射网络驱动器"对话框

完成以上步骤后，在打开的"Windows 资源管理器"窗口中可看到刚刚映射的"Z 盘"，其内容即为对应的共享文件夹内容，如图 4-13 所示。

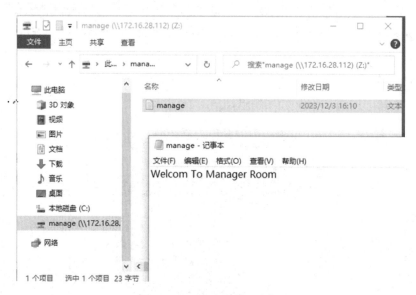

图 4-13 驱动器"Z 盘"

至此，通过 Windows 客户端访问文件服务器的操作流程已经完成。在此操作的基础上，可以切换至不同用户，以验证权限配置的效果。

4.6 Linux 客户端访问文件服务器

基于 SAMBA 服务的文件服务器，在 Linux 客户端的连接方式与主教材正文中介绍的 NFS 服务连接方法基本相同。为了帮助操作系统连接到基于 SAMBA 服务的文件服务器，需要安装一些必要的组件。

1. 安装 cifs 工具包组件

为了能够连接基于 SAMBA 服务的文件服务器，首先需要安装 cifs 工具包组件。

```
# 安装cifs工具包
[root@Test-KylinOS-01 ~]$ yum install -y cifs-utils
```

安装 cifs 工具包组件的执行结果如图 4-14 所示。

```
已安装:
  avahi-libs-0.8-8.ky10.x86_64
  cifs-utils-6.10-4.ky10.x86_64
  cups-libs-1:2.2.13-19.p01.ky10.x86_64
  keyutils-1.6.3-1.ky10.x86_64
  libsmbclient-4.11.12-32.p01.ky10.x86_64
  libwbclient-4.11.12-32.p01.ky10.x86_64
  samba-client-4.11.12-32.p01.ky10.x86_64
  samba-common-4.11.12-32.p01.ky10.x86_64

完毕!
```

图 4-14 安装 cifs 工具包组件的执行结果

2. 挂载 SAMBA 存储

挂载 SAMBA 存储，需要在本地创建对应挂载文件夹，并使用 mount 命令将远程的 SAMBA 共享文件夹挂载到本地的文件夹。

```
# 创建挂载目录
[root@Test-KylinOS-01 ~]$ mkdir -p /data/samba/manage
# 挂载 SAMBA 存储
[root@Test-KylinOS-01 ~]$ mount -t cifs //172.16.28.112/manage
/data/samba/manage  -o username=jingli,password=a123123b
# 进入挂载文件夹
[root@Test-KylinOS-01 ~]$ cd /data/samba/manage
# 查看挂载文件夹内容
```

```
[root@Test-KylinOS-01 ~]$ ls
```

挂载 SAMBA 存储的执行结果如图 4-15 所示。

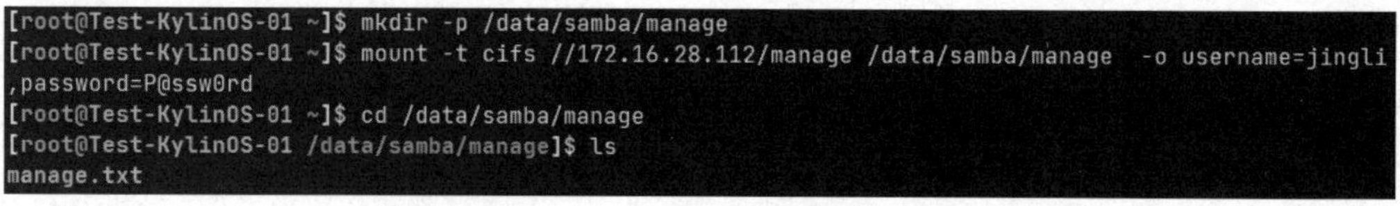

```
[root@Test-KylinOS-01 ~]$ mkdir -p /data/samba/manage
[root@Test-KylinOS-01 ~]$ mount -t cifs //172.16.28.112/manage /data/samba/manage  -o username=jingli
,password=P@ssw0rd
[root@Test-KylinOS-01 ~]$ cd /data/samba/manage
[root@Test-KylinOS-01 /data/samba/manage]$ ls
manage.txt
```

图 4-15　挂载 SAMBA 存储的执行结果

3. 查看 SAMBA 存储挂载状态

完成 SAMBA 存储挂载后，可以使用 df 命令来查询存储挂载状态。

```
# 查看 SAMBA 存储挂载状态
[root@Test-KylinOS-01 ~]$ df -h |grep samba
# 挂载 SAMBA 存储
```

在查询结果中显示的容量即为文件服务器磁盘容量，如图 4-16 所示。

```
[root@Test-KylinOS-01 /data/samba/manage]$ df -h |grep samba
//172.16.28.112/manage  254G  3.8G  250G    2% /data/samba/manage
```

图 4-16　查看 SAMBA 存储挂载状态

案例 **5**

银河麒麟 iSCSI 服务器部署

5.1 案例背景

为支持企业应对企业内部数据中心日益增长的虚拟化主机的存储需求，现需要在企业内部部署一套基于现有网络架构、性价比高、性能良好的网络存储系统。

5.2 对应正文

本案例是主教材"第 8 章 第 5 节：FTP 服务"与"第 8 章 第 6 节：NFS 服务"的综合应用案例。

相较于主教材正文提及的 FTP 和 NFS 服务，本案例中的 iSCSI 服务采用块存储方式，支持从 SAN 引导，适用于更多虚拟化应用场景。NFS 与 iSCSI 都是成熟的共享存储协议，它们各有优势，具体选择应基于应用场景。

5.3 环境准备

iSCSI 存储服务器主要用于为服务器和虚拟化平台提供存储服务。在测试环境中，应预留不少于 100 GB 的存储空间；生产环境则建议保留不少于 500 GB 的存储空间。

iSCSI 服务支持硬盘形式和文件形式的存储空间。为了完整体验 iSCSI 服务功能，本案例将为服务器添加一块硬盘，并创建一个空镜像文件作为 iSCSI 存储使用。

5.4 部署 iSCSI 服务器

1. 安装 iSCSI 服务组件及管理工具

使用 yum 命令及 "-y" 参数，安装 iSCSI 服务组件及管理工具。

```
# 安装 iSCSI 服务器组件及管理工具
[root@Test-KylinOS-02 ~]$ yum install -y target-restore targetcli
```

查看已安装的组件如图 5-1 所示。

```
已安装:
  python3-configshell-1.1.27-2.ky10.noarch          python3-kmod-27-10.se.03.ky10.x86_64
  python3-pyparsing-2.4.7-2.ky10.noarch             python3-rtslib-2.1.70-5.p01.ky10.noarch
  python3-urwid-2.0.1-6.ky10.x86_64                 target-restore-2.1.70-5.p01.ky10.noarch
  targetcli-2.1.54-1.ky10.noarch                    targetcli-help-2.1.54-1.ky10.noarch

完毕!
```

图 5-1 查看已安装的组件

2. 查询硬盘信息

lsblk 命令可以查询服务器的硬盘信息，如图 5-2 所示。根据查询结果，除了系统盘，还有一块名为 "sda" 的硬盘。

```
# 安装 iSCSI 服务器组件及管理工具
[root@Test-KylinOS-02 ~]$ lsblk
```

```
[root@Test-KylinOS-02 ~]$ lsblk
NAME          MAJ:MIN RM    SIZE RO TYPE MOUNTPOINT
sda             8:0    0     30G  0 disk
nvme0n1       259:0    0    256G  0 disk
├─nvme0n1p1   259:1    0    512M  0 part /boot
├─nvme0n1p2   259:2    0      2G  0 part [SWAP]
└─nvme0n1p3   259:3    0  253.5G  0 part /
```

图 5-2 查询硬盘信息

3. 创建用来存储的镜像文件

dd 命令可以创建一个大小为 4GB 的镜像文件，用于 iSCSI 服务存储。

```
# 创建 iSCSI 存储文件夹
[root@Test-KylinOS-02 ~]$ mkdir -p /data/iscsi
# 生成一个4GB的文件
[root@Test-KylinOS-02 ~]$ dd if=/dev/zero
of=/data/iscsi/iscsi-disk.img bs=1024k count=4096
```

创建用来存储的镜像文件，如图 5-3 所示。

```
[root@Test-KylinOS-02 ~]$ dd if=/dev/zero of=/data/iscsi/iscsi-disk.img bs=1024k c
ount=4096
记录了4096+0 的读入
记录了4096+0 的写出
4294967296字节（4.3 GB，4.0 GiB）已复制，9.94884 s，432 MB/s
[root@Test-KylinOS-02 ~]$ ll /data/iscsi/
总用量 4194304
-rw-r--r-- 1 root root 4294967296 12月  4 19:11 iscsi-disk.img
```

图 5-3　创建用来存储的镜像文件

4. 显示所有 iSCSI 服务节点

通过 targetcli 命令，进入 iSCSI 配置 Shell 界面。使用 ls 命令，查看目前服务器上的所有 iSCSI 节点，如图 5-4 所示。

```
# 使用 iSCSI 管理工具
[root@Test-KylinOS-02 ~]$ targetcli
# 列出服务器上所有 iSCSI 节点
/> ls
```

```
[root@Test-KylinOS-02 ~]$ targetcli
targetcli shell version 2.1.54
Copyright 2011-2013 by Datera, Inc and others.
For help on commands, type 'help'.

/> ls
o- / ......................................................................... [...]
  o- backstores .............................................................. [...]
  | o- block .................................................... [Storage Objects: 0]
  | o- fileio ................................................... [Storage Objects: 0]
  | o- pscsi .................................................... [Storage Objects: 0]
  | o- ramdisk .................................................. [Storage Objects: 0]
  o- iscsi ............................................................ [Targets: 0]
  o- loopback ......................................................... [Targets: 0]
  o- vhost ............................................................ [Targets: 0]
  o- xen-pvscsi ....................................................... [Targets: 0]
/>
```

图 5-4　查询服务器上的 iSCSI 节点

其中，"backstores"下的"block"节点，表示以硬盘形式存在的存储空间；"backstores"下的"fileio"节点，表示以文件形式存在的存储空间。

5. 在节点上创建存储磁盘

在 iSCSI 配置工具的 Shell 界面中。使用 create 命令，分别创建一个以硬盘形式存在的存储磁盘，以及一个以文件形式存在的存储磁盘。

```
# 创建 block 节点磁盘
/>  /backstores/block create iSCSI-Disk-1 /dev/sda
# 创建 fileio 节点磁盘
/>  backstores/fileio create iSCSI-Disk-2
```

```
/data/iscsi/iscsi-disk.img
    # 列出服务器上所有 iSCSI 节点
    /> ls
```

命令中的 "/dev/sda" 为 lsblk 命令所显示的磁盘名；命令中的 "/data/iscsi/iscsi-disk.img" 为 dd 命令所创建的镜像文件。

命令执行结果如图 5-5 所示。

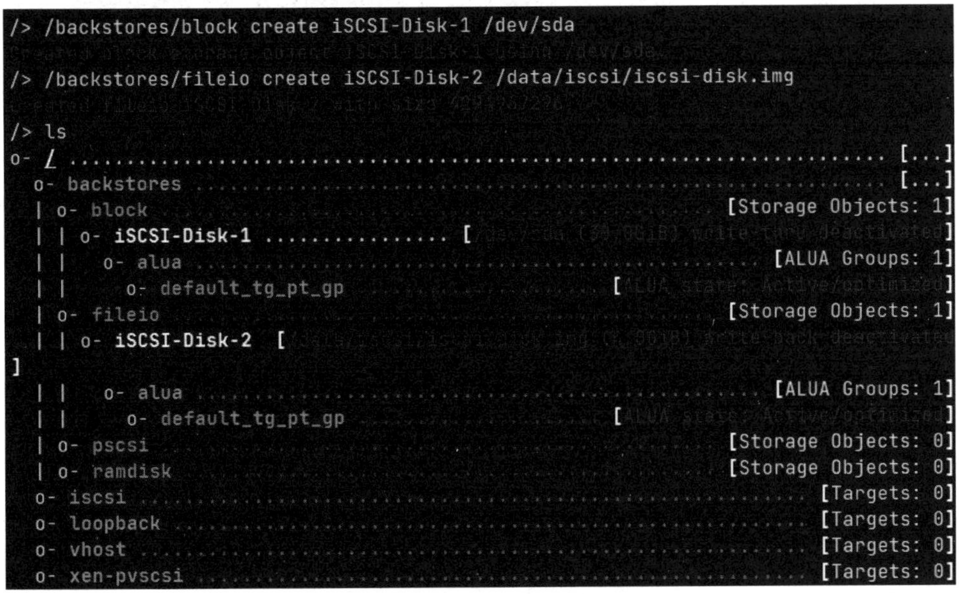

图 5-5　命令执行结果 1

6. 创建 iSCSI 服务端程序

iSCSI 服务器端程序，即 "iSCSI target"，该名称必须唯一，其命名规范如下。

```
    iqn.< yyyy-mm >.< tld.domain.some.host >:< identifier >
    iqn.< 年份-月份 >.< 域名反写 >:< 设备识别：可以是任意字符串 >
```

在 iSCSI 配置工具的 Shell 界面中，使用 create 命令来创建 iSCSI 服务端程序。

```
    # 创建 iSCSI服务端程序
    /> /iscsi/ create iqn.2023-12.local.fourleaf:server
    # 列出服务器上所有 iSCSI 节点
    /> ls
```

命令执行结果如图 5-6 所示。

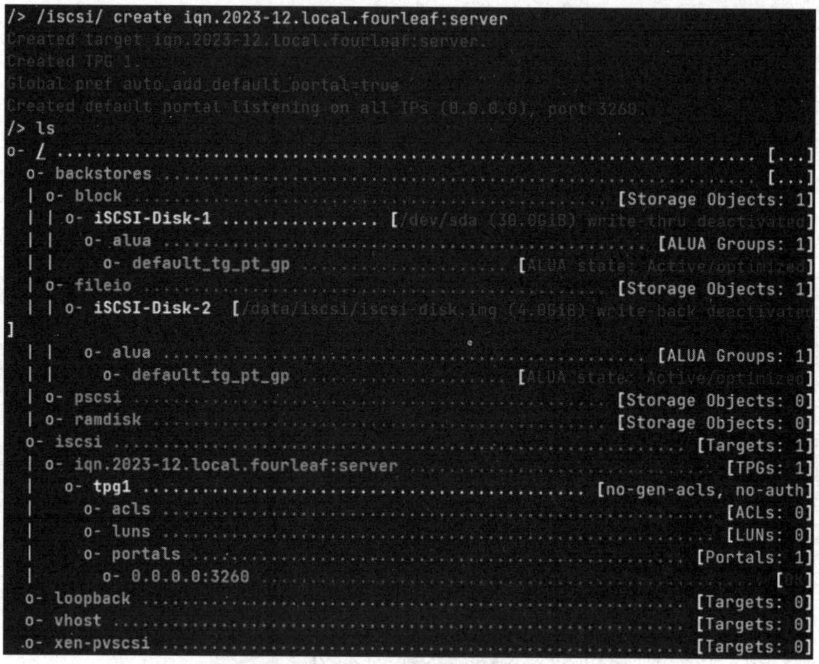

图 5-6　命令执行结果 2

7. 在节点上创建"存储空间"

在 iSCSI 配置工具的 Shell 界面中使用 create 命令，分别创建一个以硬盘形式存在的存储空间，以及一个以文件形式存在的存储空间。

```
# 进入 iSCSI 下的 tpg1 节点
/> cd /iscsi/iqn.2023-12.local.fourleaf:server/tpg1/
# 创建 block 节点的存储空间
/iscsi/iqn.20...f:server/tpg1> luns/ create
/backstores/block/iSCSI-Disk-1
# 创建 fileio 节点的存储空间
/iscsi/iqn.20...f:server/tpg1> luns/ create
/backstores/fileio/iSCSI-Disk-2
# 列出服务器上所有 iSCSI 节点
/iscsi/iqn.20...f:server/tpg1> ls
```

命令执行结果如图 5-7 所示。

图 5-7　命令执行结果 3

8. 在节点上创建客户端连接器

在 iSCSI 配置工具的 Shell 界面中，使用 create 命令创建客户端连接器。

```
    # 创建客户端连接器
    /iscsi/iqn.20...f:server/tpg1> acls/ create
iqn.2023-12.local.fourleaf:client
    # 列出服务器上所有 iSCSI 节点
    /iscsi/iqn.20...f:server/tpg1> ls
    # 退出 iSCSI 管理工具
    /iscsi/iqn.20...f:server/tpg1> exit
```

命令执行结果如图 5-8 所示。

```
/iscsi/iqn.20...f:server/tpg1> acls/ create iqn.2023-12.local.fourleaf:client
Created Node ACL for iqn.2023-12.local.fourleaf:client
Created mapped LUN 1.
Created mapped LUN 0.
/iscsi/iqn.20...f:server/tpg1> ls
o- tpg1 ............................................. [no-gen-acls, no-auth]
  o- acls ........................................................ [ACLs: 1]
  | o- iqn.2023-12.local.fourleaf:client ...................... [Mapped LUNs: 2]
  |   o- mapped_lun0 ........................... [lun0 block/iSCSI-Disk-1 (rw)]
  |   o- mapped_lun1 .......................... [lun1 fileio/iSCSI-Disk-2 (rw)]
  o- luns ........................................................ [LUNs: 2]
  | o- lun0 .................. [block/iSCSI-Disk-1 (/dev/sda) (default_tg_pt_gp)]
  | o- lun1  [fileio/iSCSI-Disk-2 (/data/iscsi/iscsi-disk.img) (default_tg_pt_gp)]
  o- portals .................................................. [Portals: 1]
    o- 0.0.0.0:3260 ..................................................... [OK]
```

图 5-8　命令执行结果 4

9. 启动 iSCSI 服务

完成以上配置后，需要启动 iSCSI 服务，并查询该服务对系统网络端口的占用情况，以确保 iSCSI 服务正常运行。

完成配置后，启动 iSCSI 服务并查询服务对系统网络端口的占用情况，确保服务正常运行。iSCSI 服务通常占用 3260 端口。

```
    # 启动 iSCSI 服务
    [root@Test-KylinOS-02 ~]$ systemctl start target.service
    # 设置 iSCSI 服务为开机自启动
    [root@Test-KylinOS-02 ~]$ systemctl enable target.service
    # 查看端口运行情况
    [root@Test-KylinOS-02 ~]$ ss -napt | grep 3260
```

命令执行结果如图 5-9 所示。

```
[root@Test-KylinOS-02 ~]$ sudo systemctl start target.service
[root@Test-KylinOS-02 ~]$ sudo systemctl enable target.service
Created symlink /etc/systemd/system/multi-user.target.wants/target.service → /usr/
lib/systemd/system/target.service.
[root@Test-KylinOS-02 ~]$ ss -napt | grep 3260
LISTEN    0         256              0.0.0.0:3260            0.0.0.0:*
```

图 5-9　命令执行结果 5

10. 配置防火墙

配置防火墙策略，允许 iSCSI 服务所需的端口通过防火墙，并可被其他主机访问。

```
# 防火墙放行 iSCSI 服务
[root@Test-KylinOS-02 ~]$ firewall-cmd --permanent --zone=public
--add-service=iscsi-target
# 防火墙策略生效
[root@Test-KylinOS-02 ~]$ firewall-cmd --reload
```

命令执行结果如图 5-10 所示。

```
[root@Test-KylinOS-02 ~]$ firewall-cmd --permanent --zone=public --add-service=isc
si-target
success
[root@Test-KylinOS-02 ~]$ firewall-cmd --reload
success
```

图 5-10　命令执行结果 6

完成以上步骤后，iSCSI 网络存储服务器的部署结束。接下来，仅需配置客户端即可开始使用存储资源。

5.5　Windows 客户端连接 iSCSI 存储

与 NFS、SAMBA 等网络共享服务相比，iSCSI 不仅支持各类操作系统和虚拟化平台，还可以被当作本地磁盘，而非仅仅是共享文件夹。

在 Windows 操作系统中，用户无须安装任何第三方软件，即可轻松地挂载 iSCSI 存储。

1. 打开 iSCSI 发起程序

打开"控制面板"并进入"管理工具"窗口，如图 5-11 所示。找到并双击"iSCSI 发起程序"图标。此时会弹出对话框，如图 5-12 所示，要求启动 Microsoft iSCSI 服务，单击"是"按钮，打开"iSCSI 发起程序属性"窗口，如图 5-13 所示。

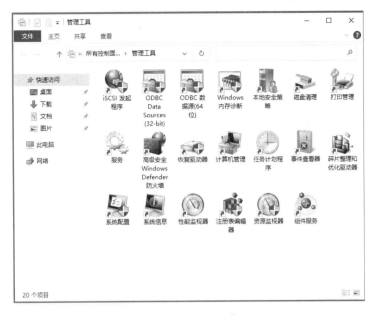

图 5-11　"管理工具"窗口

图 5-12　"Microsoft iSCSI"对话框　　　图 5-13　"iSCSI 发起程序属性"窗口

2. 修改 iSCSI 发起程序名称

单击"配置"选项卡，单击"发起程序名称"输入框下方的"更改"按钮，如图 5-14 所示。在打开的"iSCSI 发起程序名称"对话框中，输入之前创建的发起程序名称"iqn.2023-12.local.fourleaf:client"，如图 5-15 所示。

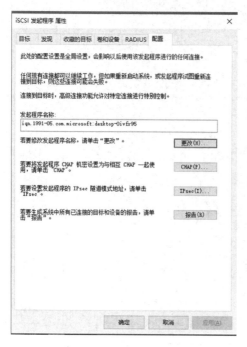

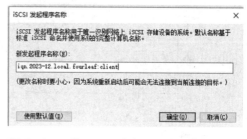

图 5-14　"配置"选项卡　　　　图 5-15　"iSCSI 发起程序名称"更改窗口

3. 连接 iSCSI 存储

单击在"iSCSI 发起程序属性"窗口中的"目标"选项卡，在"目标"输入框中输入 iSCSI 服务器的 IP 地址"172.16.28.112"并单击"快速连接"按钮，如图 5-16 所示。若配置无误，则在弹出的"快速连接"窗口"进度报告"选区中会显示"登录成功"，如图 5-17 所示。

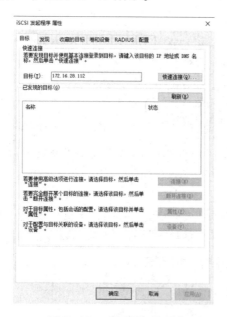

图 5-16　"目标"选项卡　　　　图 5-17 "快速连接"窗口

4．配置服务卷（存储空间）

在"iSCSI 发起程序属性"窗口的"卷和设备"选项卡中，如图 5-18 所示，单击"自动配置"按钮后，此时"卷列表"中会出现之前创建的两个"服务卷"。

图 5-18　"卷和设备"选项卡

5．查看"iSCSI 存储"

打开"控制面板"中的"管理工具"窗口，如图 5-19 所示，双击"计算机管理"按钮。在"计算机管理"窗口中，单击"存储"菜单下的"磁盘管理"选项，在右侧的窗格中可以看到新增了两个本地磁盘，如图 5-20 所示。

图 5-19　"管理工具"窗口

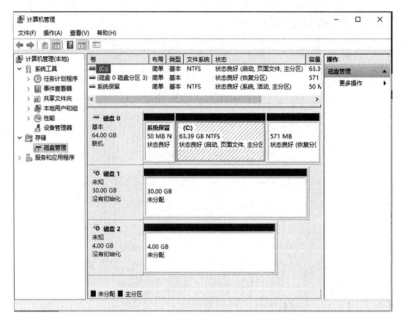

图 5-20　"计算机管理"窗口

至此，Windows 客户端挂载 iSCSI 存储配置完成。

5.6　Linux 客户端连接 iSCSI 存储

在 Linux 操作系统中，为了连接 iSCSI 网络存储，需要安装特定的客户端组件。

1. 安装 iSCSI 客户端组件

为了能够挂载 iSCSI 网络存储，需要安装 iSCSI 客户端组件。

```
# 安装iSCSI 客户端组件
[root@Test-KylinOS-01 ~]$ yum install -y open-iscsi
```

已安装的组件情况如图 5-21 所示。

```
已安装:
open-iscsi-2.1.1-11.p02.ky10.x86_64   open-iscsi-help-2.1.1-11.p02.ky10.x86_64
open-isns-0.100-8.ky10.x86_64
```

图 5-21　已安装的组件情况

2. 编辑 iSCSI 客户端配置文件

安装完成后，修改客户端配置文件，并填入之前创建的发起程序名称"iqn.2023-

12.local.fourleaf:client"。

```
# 打开客户端发起程序配置文件
[root@Test-KylinOS-01 ~]$ nano /etc/iscsi/initiatorname.iscsi
```
编辑结果如图 5-22 所示。

```
1   InitiatorName=iqn.2023-12.local.fourleaf:client
```

图 5-22　编辑结果

3. 启动 iSCSI 客户端服务

配置完成后，启动 iSCSI 客户端服务，并设置为开机自启动，然后检查服务的运行状态，如图 5-22 所示。

```
# 启动 iSCSI 客户端服务
[root@Test-KylinOS-01 ~]$ systemctl start iscsid.service
# 设置 iSCSI 客户端服务 为开机自启动
[root@Test-KylinOS-01 ~]$ systemctl enable iscsid.service
# 检查 iSCSI 客户端服务 运行状态
[root@Test-KylinOS-01 ~]$ systemctl status iscsid.service
```

```
[root@Test-KylinOS-01 ~]$ systemctl start iscsid.service
[root@Test-KylinOS-01 ~]$ systemctl enable iscsid.service
Created symlink /etc/systemd/system/multi-user.target.wants/iscsid.service → /usr/
lib/systemd/system/iscsid.service.
[root@Test-KylinOS-01 ~]$ systemctl status iscsid.service
● iscsid.service - Open-iSCSI
   Loaded: loaded (/usr/lib/systemd/system/iscsid.service; enabled; vendor preset>
   Active: active (running) since Mon 2023-12-04 22:02:53 CST; 39s ago
     Docs: man:iscsid(8)
           man:iscsiadm(8)
 Main PID: 2823 (iscsid)
    Tasks: 2
   Memory: 2.5M
   CGroup: /system.slice/iscsid.service
           ├─2822 /sbin/iscsid
           └─2823 /sbin/iscsid
```

图 5-22 启动 iSCSI 客户端服务

4. 发现 iSCSI 网络存储资源

使用 iSCSI 管理工具 iscsiadm，查询 iSCSI 服务器（IP 地址为 172.16.28.112）上的存储资源，如图 5-23 所示。

```
# 发现 iSCSI 网络存储资源
[root@Test-KylinOS-01 ~]$ iscsiadm -m discovery -t st -p
172.16.28.112
```
这里的查询结果为前面创建的服务端程序名称。

```
[root@Test-KylinOS-01 ~]$ iscsiadm -m discovery -t st -p 172.16.28.112
172.16.28.112:3260,1 iqn.2023-12.local.fourleaf:server
```

图 5-23 发现 iSCSI 网络存储资源

5. 挂载 iSCSI 网络存储资源

使用 iSCSI 管理工具 iscsiadm，利用 iSCSI 服务端程序名称及服务器 IP 地址来挂载 iSCSI 服务器上的存储资源。

服务端程序名称：iqn.2023-12.local.fourleaf:server。

服务器 IP 地址：172.16.28.112。

```
# 挂载 iSCSI 网络存储资源
[root@Test-KylinOS-01 ~]$ iscsiadm -m node -T
iqn.2023-12.local.fourleaf:server -p 172.16.28.112 --loginsystemctl start
iscsid.service
```

这里的查询结果为前面我们创建的服务端程序名称。

挂载 iSCSI 网络存储资源结果，如图 5-24 所示。

```
[root@Test-KylinOS-01 ~]$ iscsiadm -m node -T iqn.2023-12.local.fourleaf:server -p
 172.16.28.112 --login
Logging in to [iface: default, target: iqn.2023-12.local.fourleaf:server, portal:
172.16.28.112,3260]
Login to [iface: default, target: iqn.2023-12.local.fourleaf:server, portal: 172.1
6.28.112,3260] successful.
```

图 5-24　挂载 iSCSI 网络存储资源结果

6. 查询硬盘信息

使用 lsblk 命令，查询服务器的硬盘信息，如图 5-25 所示。

```
# 查询硬盘信息
[root@Test-KylinOS-01 ~]$ lsblk
```

在这里可以看到新增了两个本地硬盘。

```
[root@Test-KylinOS-01 ~]$ lsblk
NAME          MAJ:MIN RM   SIZE RO TYPE MOUNTPOINT
sda             8:0    0    30G  0 disk
sdb             8:16   0     4G  0 disk
nvme0n1       259:0    0   256G  0 disk
├─nvme0n1p1   259:1    0   512M  0 part /boot
├─nvme0n1p2   259:2    0     2G  0 part [SWAP]
└─nvme0n1p3   259:3    0 253.5G  0 part /
```

图 5-25　查询硬盘信息

至此，Linux 客户端挂载 iSCSI 存储配置完成。

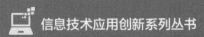

信息技术应用创新系列丛书

服务器操作系统
配置与管理（麒麟版）

ISBN 978-7-121-48242-7

9 787121 482427 >

定价：42.00 元

责任编辑：李英杰

封面设计：徐海燕